Nedjima Bouzidi

Les impuretés des kaolins et leurs effets sur les produits de cuisson

Nedjima Bouzidi

Les impuretés des kaolins et leurs effets sur les produits de cuisson

Frittage des kaolins algériens et des kaolins des Charentes, leurs propriétés physico-chimiques

Presses Académiques Francophones

Impressum / Mentions légales

Bibliografische Information der Deutschen Nationalbibliothek: Die Deutsche Nationalbibliothek verzeichnet diese Publikation in der Deutschen Nationalbibliografie; detaillierte bibliografische Daten sind im Internet über http://dnb.d-nb.de abrufbar.
Alle in diesem Buch genannten Marken und Produktnamen unterliegen warenzeichen-, marken- oder patentrechtlichem Schutz bzw. sind Warenzeichen oder eingetragene Warenzeichen der jeweiligen Inhaber. Die Wiedergabe von Marken, Produktnamen, Gebrauchsnamen, Handelsnamen, Warenbezeichnungen u.s.w. in diesem Werk berechtigt auch ohne besondere Kennzeichnung nicht zu der Annahme, dass solche Namen im Sinne der Warenzeichen- und Markenschutzgesetzgebung als frei zu betrachten wären und daher von jedermann benutzt werden dürften.

Information bibliographique publiée par la Deutsche Nationalbibliothek: La Deutsche Nationalbibliothek inscrit cette publication à la Deutsche Nationalbibliografie; des données bibliographiques détaillées sont disponibles sur internet à l'adresse http://dnb.d-nb.de.
Toutes marques et noms de produits mentionnés dans ce livre demeurent sous la protection des marques, des marques déposées et des brevets, et sont des marques ou des marques déposées de leurs détenteurs respectifs. L'utilisation des marques, noms de produits, noms communs, noms commerciaux, descriptions de produits, etc, même sans qu'ils soient mentionnés de façon particulière dans ce livre ne signifie en aucune façon que ces noms peuvent être utilisés sans restriction à l'égard de la législation pour la protection des marques et des marques déposées et pourraient donc être utilisés par quiconque.

Coverbild / Photo de couverture: www.ingimage.com

Verlag / Editeur:
Presses Académiques Francophones
ist ein Imprint der / est une marque déposée de
OmniScriptum GmbH & Co. KG
Heinrich-Böcking-Str. 6-8, 66121 Saarbrücken, Deutschland / Allemagne
Email: info@presses-academiques.com

Herstellung: siehe letzte Seite /
Impression: voir la dernière page
ISBN: 978-3-8381-4868-7

Zugl. / Agréé par: Bejaia,Université de Bejaia et l'école normale supérieure de Saint-Etienne, Septembre 2012

Copyright / Droit d'auteur © 2014 OmniScriptum GmbH & Co. KG
Alle Rechte vorbehalten. / Tous droits réservés. Saarbrücken 2014

Dédicaces

Je dédie cet ouvrage :

A la mémoire de ma mére et de mon pére

A mon mari Athmane

A mes enfants Karim et Rédha

Aux combatants pour la liberté et le savoir pour un monde meilleur.

Sommaire

Liste des figures

13

Liste des tableaux

Introduction générale

Les argiles sont des matières premières naturelles et abondantes qui sont utilisées depuis la plus haute antiquité. De nos jours, les domaines d'applications sont variés : art de la table (faïence, porcelaine...), industrie pharmaceutique, médicale ou cosmétique, habitat (tuiles, briques, carrelage...) ou l'industrie des réfractaires. Indispensables à la fabrication de nombreux produits céramiques, les matières premières argileuses sont mises en forme (pressage, coulage...), séchées et traitées thermiquement afin de les consolider. La cuisson a pour conséquence une modification importante de la microstructure. En cru, il s'agit d'un matériau cristallisé avec une structure en feuillet. Lorsqu'elle est traitée thermiquement, l'argile se transforme, et, après refroidissement, elle est alors constituée uniquement d'une phase amorphe ou d'un mélange d'une phase amorphe et de phases cristallisées. Le choix, souvent empirique, des matières premières et du cycle de cuisson dépend des propriétés d'usage recherchées pour les produits finaux : par exemple, une faible conductivité thermique, une forte résistance mécanique ou même certains aspects esthétiques (couleur).

Les kaolins sont des matières premières argileuses naturelles qui sont généralement des mélanges hétérogènes de minéraux accompagnants la kaolinite, minéral majoritaire. Au cours d'un traitement thermique, ces matériaux subissent des transformations physico- chimiques qui entraînent à la fois une modification de la structure cristalline des différentes phases (déshydroxylation, amorphisation, cristallisation, transformation allotropique, décarbonatation, etc.) et une modification de la microstructure du mélange (élimination des pores et changement de leur géométrie, de leur distribution et de leur orientation, grossissement des grains ou des cristaux, formation d'un flux...). Ces transformations s'accompagnent aussi de modifications des propriétés colorimétriques mécaniques et diélectriques. Ces paramètres sont importants car les propriétés d'usage de ces matières premières leur sont souvent liées (couleurs dans le domaine des porcelaines, résistance mécanique en compression - briques, sanitaires - ou en flexion - tuiles, carreaux, vaisselle, etc. - propriétés diélectriques dans les céramiques isolantes, porosité dans les chamottes).

Le développement de l'industrie céramique requiert des matières premières dont le taux d'impuretés est réduit. En effet la présence de ces impuretés influence la température d'apparition de la phase vitreuse, sa viscosité (et donc la densification et la porosité), la température d'apparition des minéraux néoformés et leur développement et la couleur des matériaux cuits. L'ensemble de ces caractéristiques physico chimiques joue un rôle dans les propriétés d'usage que sont les propriétés mécaniques, colorimétriques et diélectriques.

L'objectif de ce travail est d'étudier et de comprendre l'effet de quelques impuretés sur les propriétés des kaolins cuits à de basses températures (900 - 1100 °C) et à de hautes températures (1200 - 1600 °C) afin de diversifier leurs domaines d'usage dans tous les domaines confondus (céramiques traditionnelles, céramiques techniques, chamotte, pharmacie, peinture, papier, etc..).

Pour ce faire nous avons choisi 7 kaolins de différentes origines : algérienne (Tamazert et Djebel Debbagh) et française (bassin des Charentes), pour la nature et la teneur des impuretés qui les accompagnent :

- Feldspaths, quartz et oxydes de fer pour les kaolins de Tamazert
- Matières organiques, oxydes de fer, gibbsite et anatase pour les kaolins des Charentes.
- Dans la mesure où nous avons travaillé sur les propriétés des produits cuits, déshydroxylés, il n'y a pas de différence entre kaolinite et halloysite. Nous avons ajouté aux kaolins précédents des halloysites algériennes (Djebel Debbagh) pour disposer de l'impureté Mn d'une part et d'un produit pratiquement pur d'autre part.

Ce livre s'articule autours de cinq chapitres :

- le premier chapitre présente des notions générales relatives à la structure des minéraux argileux (constituants essentiels des matériaux étudiés) et du kaolin, plus particulièrement. au phénomène de frittage ainsi qu'à la cristallisation de la mullite, principale phase minérale développée. Les types d'impuretés qui sont susceptibles d'exister dans les kaolins ainsi que les domaines d'utilisation des kaolins dans l'industrie sont également abordés.
- Le chapitre II traite des différentes méthodes d'investigation utilisées pour les caractériser les kaolins avant et après cuisson, ainsi que les conditions choisies pour la cuisson.
- Le chapitre III présente les différentes matières premières du point de vue physico-chimique,
- Le comportement des kaolins lors du frittage (phénomènes de mullitisation, retrait, microstructure) est étudié dans le chapitre IV
- Le chapitre V comporte deux parties ; la première traite des propriétés colorimétriques, mécaniques et diélectriques ; la seconde porte sur les propriétés de l'un des kaolins, particulièrement riche en anatase, dans le domaine des porcelaines diélectriques.
- Nous terminons ce travail par une conclusion générale.

Chapitre I. Généralités sur les argiles, les kaolins et leurs applications industrielles

Introduction

Ce premier chapitre a pour but de présenter et de définir les argiles en général et plus particulièrement le kaolin en tant que matière argileuse. La classification et l'identification du groupe minéralogique, la cristallinité des minéraux argileux (kaolins) y sont décrites ainsi que les comportements et propriétés rhéologiques. Le frittage des céramiques silicatées, les propriétés de la mullite obtenue après traitement thermique du kaolin sont aussi développés.

I.1. Définition et structure des argiles

Le terme argile désigne à la fois un ensemble de minéraux silicatés en feuillets de la famille des phyllosilicates, et la roche qui les contient majoritairement [1]. On définit également les argiles comme des minéraux formant avec de l'eau une pâte plastique ; en génie-civil le terme argile désigne la fraction minérale d'un sol de taille inférieure à 40 µm. A l'état naturel, une argile (roche) est rarement composée d'un seul minéral. Elle correspond le plus souvent à un mélange de minéraux argileux associés à d'autres minéraux (feldspath, quartz, carbonates etc.) ainsi que des impuretés (oxyde de fer, de titane, oxydes et hydroxydes d'aluminium, matières organiques etc.).Les minéraux argileux sont des phyllosilicates, c'est à dire qu'ils sont constitués par un empilement de feuillets. La figure I.1 explicite la terminologie utilisée pour définir la structure des argiles.

On distingue 4 niveaux d'organisation:

- Les plans (planes) sont constitués par les atomes.
- Les feuillets (sheet), tétraédriques ou octaédriques, sont formés par une combinaison de plans.
- Les couches (layer) correspondent à des combinaisons de feuillets.
- Le cristal (crystal) résulte de l'empilement de plusieurs couches [2].

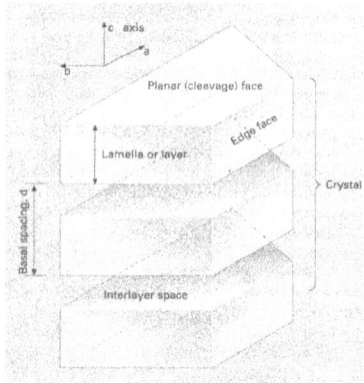

Figure I.1. Structure générale des phyllosilicates [2].

I.1.2. Éléments structuraux

L'élément constitutif de base des silicates est le tétraèdre SiO_4^{4-}dans lequel un atome de Si est entouré de 4 atomes d'O (Figure I.2.a, b). Dans les phyllosilicates les tétraèdres s'agencent en partageant des oxygènes pour former unréseau hexagonal plan (Figure I.2.b).Les O non partagés pointent tous dans la même direction. La formule de base est donc $Si_4O_{10}^{4-}$; (Figure I.2.c) [2,3].

Les feuillets tétraédriques s'associent à des feuillets octaédriques composés d'un assemblage d'octaèdres couchés sur une face, composés d'un cation central et 6 O ou OH⁻ (FigureI.2.d). Cette configuration permet d'accueillirdes cations plus larges Al^{3+}, Fe^{3+}, Mg^{2+}, Fe^{2+}.

Les tétraèdres s'agencent avec les octaèdres pour constituer des couches. Ces couches peuvent être neutres ou chargées négativement. Dans le premier cas les liaisons interfoliaires dont dépend la stabilité de l'édifice font intervenir les atomes d'hydrogènes. En effet, les protons (hydroxyles externes) quisont à la surface des octaèdres, se trouvent à proximité des atomes d'oxygènes de la couche tétraédrique SiO_4 du feuillet suivant. Ils subissent alors l'attraction des atomes d'oxygène des deux couches : liaison hydrogène. Dans le dernier cas la charge dépend des substitutions de cations dans les feuillets tétraédriques (T) ou octaédriques (O) [2].La charge de la couche est compensée par des cations qui se logent dans l'espace entre les couches (espace interfoliaire).

La liaison Si - O est de nature covalente mais présente un caractère ionique de 51%. La liaison Al - O est de nature ionique partielle ou covalente ionisée et présente un caractère ionique de 63%. [1]. De ce fait la liaison Al-O se rompt plus facilement que la liaison Si – O.

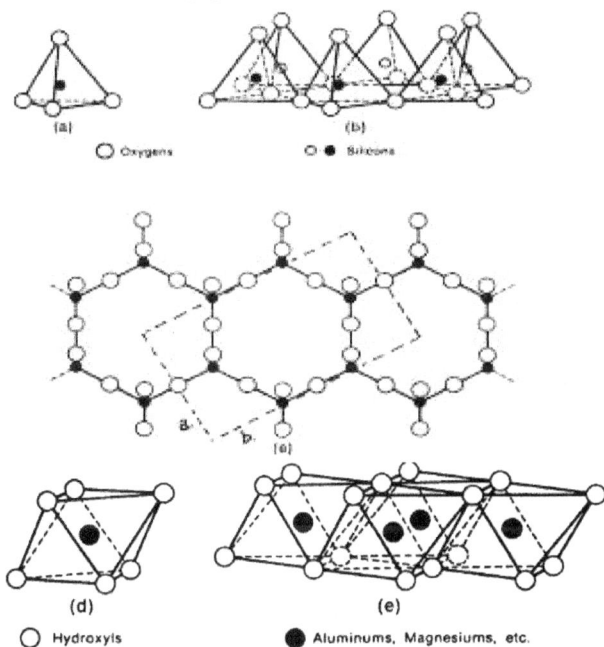

Figure I.2. Eléments structuraux d'un silicatea) modèle de base, b) agencement des tétraèdres, c) agencement des hexagones, d et e) les octaèdres [2,3].

I.1.3. Dimensions de la maille

La plupart des phyllosilicates possèdent un réseau cristallin orthorhombique, monoclinique ou triclinique. Les valeurs des paramètres *a* et *b* de la maille, déduites des analyses par diffraction des rayons X, avoisinent respectivement 5Å et 9Å. Ces valeurs dépendent des éléments occupant les sites octaédriques (coordinence 6) et tétraédriques (coordinence 4).

Le paramètre c dépend de la nature des couches (~7Å pour les couches TO ; ~10 Å pour les couches TOT), ainsi que de la taille des cations de compensation [4].

I.1.4. Types de minéraux argileux

La classification et la nomenclature des minéraux argileux sont un peu délicates car ces espèces admettent la possibilité de nombreuses substitutions. En général, les minéraux argileux sont classés selon trois niveaux : le groupe, le sous groupe et l'espèce (famille).

I.1.4.1. Les groupes

Ils sont caractérisés par la constitution des couches et le paramètre c, épaisseur des couches plus espace interfoliaire .On distingue trois groupes principaux qui sont :

Tétraédrique - octaédrique (T-O) ou 1/1, avec un paramètre c de 7 Å, tel que le groupe 'serpentine-kaolin'.

Tétraédrique- octaédrique -tétraédrique (T-O-T) ou 2/1, paramètre c de 10 Å, tel que le groupe des micas ou de 14 Å compte tenu des cations interfoliaires dans les smectites.

tétraédrique- octaédrique -tétraédrique ou 2/1 avec couche octaédrique interfoliaire (soit 2/1/1 ou T-O-T-O), le paramètre c est de 14 Å, tel que le groupe des chlorites [5,6].

I.1.4.2. Les sous groupes

Les groupes précédents se subdivisent chacun en deux sous groupes suivant que les couches octaédriques sont di-ou trioctaédriques, c'est-à-dire contiennent deux (di) cations trivalents, avec un octaèdre inoccupé, ou trois (tri) cations divalents ; par exemple le groupe 'serpentine-kaolin' se décompose en trois sous-groupes Trioctaédriques, Dioctaédrique, Di trioctaédriques [5,6].

I.1.4.3. Les espèces

Ce troisième niveau, les espèces, n'est pas défini par les mêmes propriétés car dans certains cas c'est l'empilement des feuillets qui a été retenu, dans d'autres c'est la nature des cations des plans octaédrique. Le maintien des noms d'espèces en fonction de l'un ou l'autre de ces deux critères est justifié par des raisons très pragmatiques [6,8]. La classification des minéraux argileux est résumée dans le tableau I.1 suivant :

Tableau I.1. Classification des principaux types de minéraux argileux.

Type	Groupe	Sous-groupe	Espèces	Formules
1:1	Kaolinite	kaolinites	dickite, nacrite, kaolinite	$Al_2Si_2O_5(OH)_4$
			métahalloysite, halloysite	$Al_2Si_2O_5(OH)_4 \, 4H_2O$
2:1	Smectites	smectites dioctaèdriques	montmorillonite	$(Al_{1,67}Mg_{0,33})Si_4O_{10}(OH)_2$
		smectites trioctaèdriques	saponite	$Mg_3(Si_{3,67}Al_{0,33})O_{10}(OH)_2$
2 :1	Micas	micas dioctaèdrique	muscovite	$KAl_2(Si_3Al)O_{10}(OH)_2$
		micas trioctaèdrique	phlogopite	$KMg_3(Si_3Al)O_{10}(OH)_2$
2:1:1	Chlorite	chlorite dioctaèdrique	sudoite	$Al_4(Si,Al)_4O_{10}(OH)_8$
		chlorite trioctaèdrique	Espèces différentes	$(Mg,Fe...)_6(Si,Al)_4O_{10}(OH)_8$

I.2. Les kaolins

I.2.1. Définition

Le terme kaolin, d'origine chinoise, vient de "Kao ling". Il signifie littéralement « haute colline ». Cette matière première entrant dans la fabrication des porcelaines chinoise était extraite d'une colline proche de King Teching à partir de 210 avant Jésus-Christ [7].

Le kaolin est une roche composée essentiellement de kaolinite, résultant de la décomposition des granites et des feldspaths par hydrolyse sous un climat chaud et humide, ou par une action hydrothermale.

La kaolinite est une argile TO dioctaédrique dont le cation octaédrique est l'aluminium. Elle a pour formule $Si_2Al_2O_5(OH)_4$.

I.2.2. Structure de la kaolinite

La kaolinite présente une structure de type 1:1, avec une équidistance d'environ 7Å et elle est de type dioctaédrique (un site octaédrique sur trois reste vacant). Les trois sites de la couche octaédrique sont donc remplis par deux cations d'aluminium et le troisième site est lacunaire.C'est la position des sites vacants qui permet de différencier les minéraux de type 1: 1 : kaolinite dickite et nacrite (Figure I.3). Les faces basales sont de deux types, constituées, soit d'ions oxygène organisés en réseau hexagonal, soit d'OH en assemblage compact.

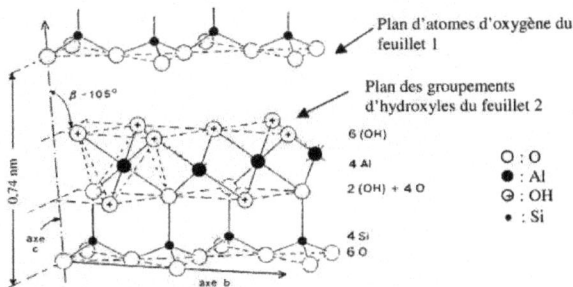

Figure I.3. Structure type 1:1, cas de la kaolinite [10].

Les feuillets successifs sont empilés de sorte que les atomes d'oxygènes d'un feuillet sont situés faces à des hydroxyles d'un feuillet voisin. Ainsi des liaisons hydrogènes stabilisent l'empilement [2,3].

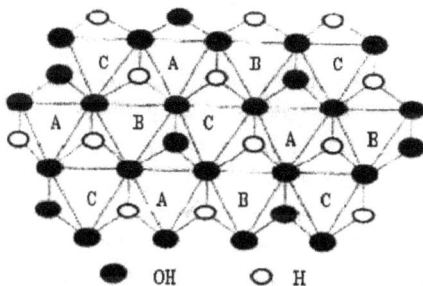

Figure I.4. Sites octaédriques selon la position des atomes d'oxygènes et hydroxyles dans une couche octaédrique idéale d'un minéral de type 1 :1 [10]

La formule structurale de la kaolinite est $Si_4O_{10}[Al(OH)_2]_4$ ou $2[Si_2Al_2O_5(OH)_4]$. Elle appartient au système triclinique et au groupe spatial C_1 avec une couche par maille. Ses paramètres sont les suivants.

$$A=5,155Å \quad b=8,945\ Å \quad et\ c=7,405\ Å$$

$$\alpha = 91,70° \beta= 104,86°\ et\ \gamma =\ 89,82°$$

L'halloysite, de même formule que la kaolinite est constituée par des couches identiques à celles de la kaolinite mais elles sont séparés par des molécules d'eau si bien que l'équidistance 001 est de 10,1 Å, pour le reste les caractéristiques de la maille sont identiques [11].

I.2.3. Origine des Kaolins et minéraux associés

I.2.3.1. kaolins primaires

La kaolinite provient généralement de l'hydrolyse de n'importe quel minéral ou verre silicoalumineux. Par exemple la formation de kaolinite à partir de feldspath potassique peut s'écrire :

$$K_2O \cdot Al_2O_3 \cdot 6SiO_2(s) + 2H_2O(aq) \rightarrow Al_2O_3 \cdot 2SiO_2 \cdot 2H_2O(s) + 4SiO_2(s) + 2K^+(sol)$$

Le processus ci-dessus conduit à des kaolins dits primaires, en contact direct avec la roche silicoalumineuse qui leur a donné naissance.

La kaolinisation des minéraux silico - alumineux suppose un lessivage total des éléments alcalins et alcalino-terreux (K, Na, Ca), du fer et le départ d'une partie de la silice ; on estime à environ 30 % la diminution de volume liée à ces lessivages Deux fluides peuvent être à l'origine des phénomènes de kaolinisation [12] :

- Les eaux de surface (ou météoriques), en milieu tropical (< 40 °C)
- Les fluides hydrothermaux de température inférieure à 300°C (au-delà la kaolinite n'est pas stable) qui donnent lieu à un lessivage supergéne ou hypogène.

Certaines substances, une fois dissoutes dans l'eau, augmentent le caractère acide de celle-ci, accélérant ainsi la décomposition des minéraux primaires. D'après Helgeson et Mackenzie [13], la dissolution du gaz carbonique atmosphérique peut, lors de l'hydrolyse, tripler les vitesses de décomposition des feldspaths potassiques et de formation de la kaolinite.

Ce processus géochimique naturel conduit directement à la formation de la kaolinite suivant la réaction :

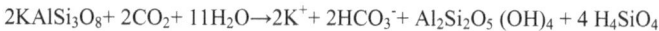

$$2KAlSi_3O_8 + 2CO_2 + 11H_2O \rightarrow 2K^+ + 2HCO_3^- + Al_2Si_2O_5(OH)_4 + 4H_4SiO_4$$

En revanche, si le drainage est faible, le transfert de potassium est incomplet et il se forme de l'illite selon la réaction :

$$5KAlSi_3O_8 + 4CO_2 + 20H_2O \rightarrow 4K^+ + 4HCO_3^- + KAl_4(Si_7Al)O_{20}(OH)_4 + 8H_4SiO_4$$

Lors d'un drainage ultérieur, cette illite peut poursuivre son hydrolyse, en expulsant le potassium, pour conduire alors à la kaolinite:

$$2KAl_4(Si_7Al)O_{20}(OH)_4 + 2CO_2 + 15H_2O \rightarrow 2K^+ + 2HCO_3^- + 5Al_2Si_2O_5(OH)_4 + 4H_4SiO_4$$

Des réactions analogues permettent de décrire l'hydrolyse de l'albite (feldspath sodique) directement en kaolinite ou en un composé intermédiaire (montmorillonite sodique).D'après Helgeson et Mackenzie [13] toujours, dans les mêmes conditions d'hydrolyse, la formation de la kaolinite est dix fois plus rapide à partir de l'albite que des feldspaths potassiques. La figure I.5 représente la coupe schématique d'un gisement de kaolin primaire.

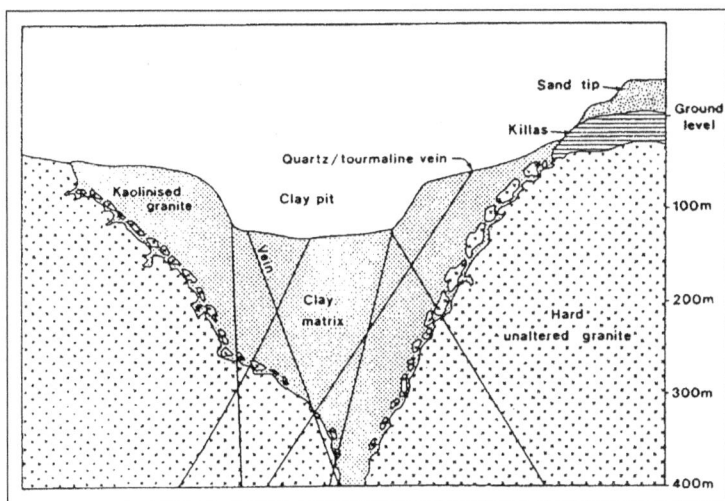

Figure I.5 Coupe schématique d'un gisement de kaolin primaire [14].

I.2.3.2. kaolins secondaires

Les kaolins dits secondaires ont pour origine des kaolins primaires entraînés par les eaux de ruissellement puis déposés. Les gisements de kaolin sédimentaire se rencontre dans les dépôts continentaux à épicontinentaux, mis en place en général au cours de cycles transgression - régression. Ils peuvent être rencontrés à différentes époques géologiques durant lesquelles prévalait un climat de type tropical favorisant une intense altération.

La formation de ces dépôts est possible dans deux zones :

• en eau de mer :

Au contact de l'eau de mer, riche en cations, près de 90% des argiles chargées négativement floculent. Ces dépôts, qui forment alors des bouchons constitués de kaolinite impure, sont communément appelés argiles kaolinitiques (mélange avec d'autres éléments tels que micas, quartz.

• en eau douce :

Si les argiles, généralement chargées négativement dans l'eau "pure", ne rencontrent pas de cations susceptibles de favoriser leur floculation, elles restent longtemps en suspension. Il s'ensuit un tri sélectif des éléments indésirables en fonction de leur aptitude à sédimenter. Les particules les plus lourdes, qui se déposent en premier, sont ainsi recouvertes par un kaolin riche en kaolinite. Les micas, formés de feuillets qui flottent également longtemps sur l'eau, se retrouvent alors généralement mélangés à la kaolinite [7,9].

I.2.3.3. Minéraux accessoires

Du fait de leur genèse, les kaolins contiennent divers minéraux accessoires, en diverses proportions selon leur origine directe ou indirecte. Parmi ceux-ci :

a)Les composés du fer:

Le fer présent dans le kaolin est essentiellement sous forme d'oxyhydroxyde et/ou d'oxyde sauf en présence de matières organiques. Le tableau I.2 indique les différentes formes de fer dans les kaolins. Ces espèces minérales se transforment durant le traitement thermique ou se combinent partiellement avec les phases silico-alumineuses majoritaires. L'influence et la présence de ces minéraux sur la mullitisation des kaolins a été étudiée [15,16, 17].

Même si l'hydroxyde le plus fréquemment rencontré est la goethite (FeOOH) jaune, il n'est pas rare d'observer la présence de la lépidocrocite ou de feroxyhydryte [17,19]. Al peut remplacer jusqu'à une teneur d'environ 33 % le Fe dans la goethite [19]. Les principaux oxydes anhydres contenus dans les argiles sont l'hématite (Fe_2O_3) rougeâtre et des composés de la série maghémite-magnétite (Fe_2O_3-Fe_3O_4) [18].

Selon Singer (1963), une faible teneur de fer peut baisser le point de fusion de 20 à 30 °C. Soro (2003) a étudié les changements des composés ferriques des kaolins lors du processus de cuisson. Les ions fer favorisent, dans un premier temps, la cristallisation d'une phase de structure spinelle et dans un second temps, de mullite primaire, permettant même de convertir 50% du métakaolin en mullite dès 1150° C. Ils abaissent donc la température de mullitisation (mullite secondaire) des micro-domaines riches en silice et la température de formation de la cristobalite.

Tableau I.2. Minéraux ferreux [19], principaux pics en diffraction X.

Non	Goethite	Lépidocrocite	Akaganéite	Magnétite	Hématite
Formule	FeOOHα	FeOOHγ	FeOOHβ	$Fe_3O_4\gamma$	$Fe_3O_4\alpha$

b) Le quartz

La silice libre se rencontre essentiellement sous forme de quartz dans le kaolin. Les particules de quartz sont beaucoup plus grosses que les particules argileuses (de 20 à 60 μm) dans les gisements primaires. Dans les gisements secondaires le dépôt simultané du quartz et du kaolin correspond à une similarité de granulométrie, les densités étant peu différentes [18,19]

Le quartz contribue significativement à la résistance mécanique des pièces crues. La forme sous laquelle se trouve la silice après cuisson conditionne les propriétés thermiques des céramiques silicatées. Ainsi, le quartz et la cristobalite n'ont pas la même influence sur la dilatation de la pièce. Le quartz peut aussi être à l'origine d'une détérioration des propriétés mécaniques du produit fini du fait de la brusque variation de dimension ($\Delta L/L \approx$ - 0,35%) associée à la transformation réversible quartz $\alpha \rightarrow$ quartz β observée vers 573°C. La transition cristobalite $\alpha \rightarrow$ cristobalite β s'avère moins dommageable pour le produit fini [2,7]

c) Le mica

La muscovite est encore appelée mica potassique, mica blanc, ou mica rubis, suivant ses origines, elle est constituée d'un assemblage régulier de feuillets à structure tétraédrique et octaédrique. La muscovite est un phyllosilicates 2:1 dioctaédrique dans lequel la couche octaédrique présente une lacune tout les trois sites, les deux autres sites étant occupés chacun par un cation Al^{3+}, elle a une charge de feuillet importante qui est compensée par une intercalation de cations K^+ dans l'espace interfoliaire, ces cations interfoliaires sont rattachés à deux feuillets consécutifs dont ils compensent les charges négatives. En effet, le feuillet de la muscovite présente une charge de feuillet négative due à la substitution de Si^{4+} par Al^{3+} (Fe^{3+} ou Cr^{3+}) dans les tétraèdres. Le taux de substitution varie de 1/4 (1 Al^{3+} et 3 Si^{4+} pour 4 sites tétraédriques) à 1/8.La formule structurale de la muscovite idéale s'écrit donc : KAl_2 [Si_3AlO_{10}] $(OH)_2$[18,20]. Les micas cristallisent dans le système monoclinique avec un angle du prisme très proche de 90° d'où une symétrie apparente orthorhombique ou hexagonale, on a à faire à des séries isomorphes pas toujours parfaite où Al peut être substitué par Fe et/ou Mg [18]. Des substitutions cationiques sont souvent observées. Elles correspondent au remplacement de Si^{4+} par Al^{3+} et/ou Fe^{3+} dans les tétraèdres ou à celui d'Al^{3+} par Fe^{2+}, Mg^{2+} ou Mn^{2+} dans les octaèdres [7,18]. Il peut éventuellement s'agir de la substitution de Li^+ à Fe^{2+} ou Mg^{2+} dans ces derniers sites. Ces substitutions cationiques créent un déficit de charge compensé par la présence dans l'espace interfoliaire de cations (K^+), éventuellement hydratés.

Les micas sont caractérisés par une excellente constante diélectrique et une faible conductivité thermique, une bonne résistance chimique et une faible solubilité dans l'eau.

d) Les oxydes de titane

L'oxyde de titane TiO_2 se présente sous trois formes cristallines : l'anatase, le rutile et le brookite qui se retrouvent dans la nature altérée pouvant contenir diverses impuretés, Fe, Cr, V, etc.... L'anatase et le rutile cristallisent dans le système quadratique (tetragonal), le brookite est orthorhombique [21].L'Anatase existe sous forme de particules fines qui donnent aux kaolins une couleur gris jaunâtre, elle se trouve généralement dans la roche en particules individualisées libre de kaolinite [7]. Les propriétés cristallines des trois variétés de titane sont regroupées dans le tableau I.7 :

Tableau I.3. Les propriétés cristallines des trois variétés d'oxyde de titane [22]

		Anatase	Brookite	Rutile
Structure cristalline		quadratique uni-axe (négatif)	orthorhombique bi-axe (positif)	quadratique uni-axe (positif)
Densité (g/cm³)		3,9	4,1	4,23
Dureté de Mohs		5,5 à 6	5,5 à 6	7 à 7,5
Dimension de maille en (nm)	a	0,3758	0,9166	0,4584
	b	....	0,5436	....
	c	0,9514	0,5135	2,953

Dans les kaolins sédimentaires, les oxydes de titane peuvent atteindre 3.5 % en poids. Les kaolins primaires en contiennent beaucoup moins : environ 0.5 %. Les oxydes de titane existant dans la fraction d'argile du kaolin sédimentaire ont été identifiés principalement sous forme d'anatase, bien qu'un peu d'autres espèces telles que le leucoxene et le brookite également aient été détecté (Weaver, 1968). Ces oxydes de titane sont habituellement fortement souillés par le fer et en conséquence varient de jaune au brun foncé.

e) Les feldspaths

Les feldspaths résiduels sont les feldspaths qui ont résistés aux différents facteurs d'altération physico-chimiques externes.les kaolins primaires contiennent presque toujours des feldspaths résiduels [23]. A l'inverse ils sont inconnus dans les kaolins secondaires. Ils sont porteurs de potasse et/ou de soude et ont donc tendance à abaisser les températures d'appartition du verre

f) Les matières organiques

Les matières organiques sont l'ensemble des constituants organiques d'un sol, morts ou vivants, d'origine végétale, animale ou microbienne, fortement transformés ou non [24]. Les matières organiques qui ne représentent que quelques pourcents du poids du sol, peuvent être divisées en trois fractions principales qui sont en constante évolution, interagissant les unes avec les autres :

- Les constituants vivants ;

- Les débris constitués de morceaux de racines, d'animaux, de feuilles ;

- L'humus, constitué de composés organiques issus de la dégradation des résidus précédents

Dans les kaolins les matières organiques ne représentent qu'un très petit pourcentage (Figure I.6).Elles participent àla colorationdes kaolins crus [24]. Elles disparaissent en général à des températures variant entre 400°C et 550°C. La présence de matières organiques s'accompagne d'un milieu réducteur dans lequel se développent fréquemment des sulfures.

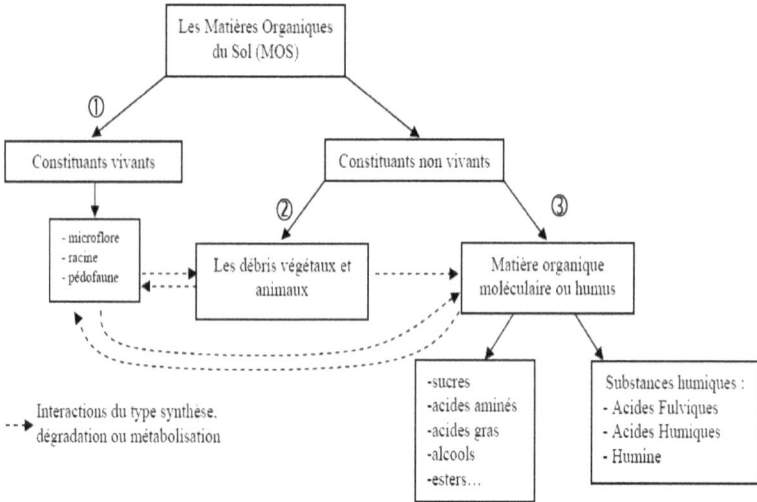

Figure I.6. Les constituants des matières organiques (adapté de Plette, 1996 ; Calvet, 2003)

1.2.4. Ordre / désordre et cristallinité des argiles

Les diagrammes de diffraction X des minéraux argileux sont souvent difficiles d'interprétation pour plusieurs raisons : Très faibles dimensions et formes anisotropes des cristaux ;

- Défauts géométriques par distorsion des feuillets ;
- Désordres d'empilement des feuillets dans un même cristallite ;
- Interstratification (empilements de feuillets de natures différentes).

Les défauts à l'intérieur du réseau du feuillet se manifestent par une modification des réflexions de Bragg : élargissement des pics et diminution des intensités. C'est le cas des bandes (hk0) lorsque le désordre croit dans le plan (a b).Elles peuvent même constituer un ensemble sans pic distinct. Hinkley [25] décrit un indice de cristallinité HI, sensible à l'ensemble des défauts présents dans le plan (a b) et défini à partir des pics des bandes *(02l)* et (11*l*) (Figure I.7) par l'expression 1 :

$$HI = \frac{A+B}{A_t}$$

- A et B sont respectivement des réflexions ($1\bar{1}0$) et ($11\bar{1}$) par rapport au bruit de fond local des bandes (02*l*) et (11*l*).

- A_t est la hauteur du pic ($1\bar{1}0$) mesuré à partir du fond continu existant en dehors de ces bandes.

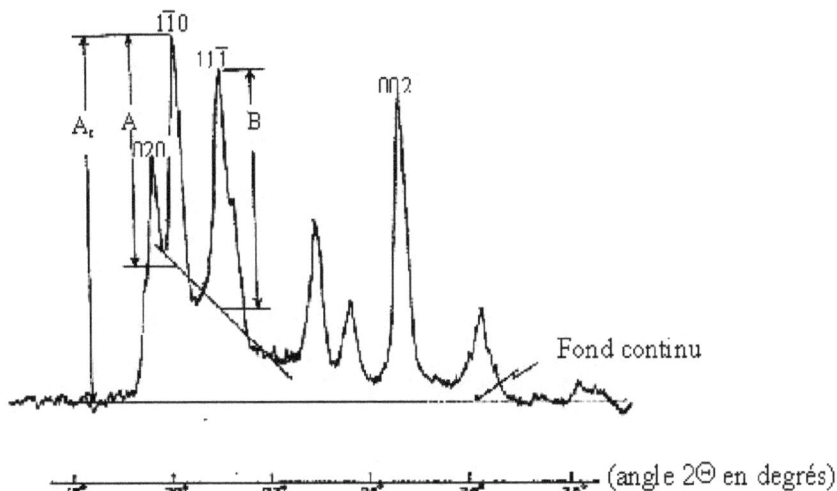

Figure I.7.Définition des paramètres A, B et A_t utilisés dans le calcul de l'indice de Hinkley

Suivant l'axe c, la forme et la position des pics (*00l*) des spectres de diffraction de la kaolinite peuvent être utilisés pour estimer le nombre de défauts d'empilement. Ces réflexions sont sensibles à l'épaisseur des domaines cohérents dans la direction [001]. La position des pics (*00l*) et leur largeur, notamment (001) et (002), dépendent de la loi de distribution du nombre de feuillets.

Selon Tchoubar et al [26], la position de la raie (001) est d'autant plus décalée vers les petits angles que le nombre de défauts structuraux présents au sein du minéral est élevé. La distance basale entre les feuillets de la kaolinite qui est de 7,15 Å dans une kaolinite ordonnée, augmente avec le nombre de défauts d'empilement. Il s'agit de la diffusion aux petits angles, dont la position est centrée dans la partie du diagramme, avant la première réflexion (001). Dans les kaolins désordonnés, les raies (020) et (060) ont une forme étalée très caractéristique. Toutes les raies de la métahalloysite, ont cet aspect très dissymétrique de bandes. Amigo [25] propose d'utiliser le critère de largeur des raies pour estimer le degré de cristallinité des kaolinites dès lors que les pics concernés sont suffisamment isolés sur le diffractogramme. La largeur à mi-hauteur β de ces raies est liée au nombre de feuillets L, par domaines cohérents selon l'équation de Scherrer:

- θ est l'angle de diffraction, exprimé en radians.
- β est la largeur du pic après déduction de la contribution de l'appareil.
- λ est la longueur d'onde du faisceau incident et K est égal à 0,91.
- d001 est la distance interfeuillet qui vaut 7,15 Å pour la kaolinite,

Une kaolinite est considérée comme bien cristallisée lorsque L = 75 feuillets par domaine cohérent.

Cristallinité des phases micacées

La cristallinité des minéraux du groupe des micas a une influence importante sur leur décomposition thermique [27,14]. Une structure bien ordonnée est stable à haute température. Là aussi, le désordre sera estimé à partir de la mi-hauteur de la largeur des (002) et 004. Comme pour la kaolinite un nombre L de feuillets peut été calculé par domaines cohérents, à partir de l'équation de Scherrer. La valeur de Lest d'environ 20 pour une illite bien cristallisée.

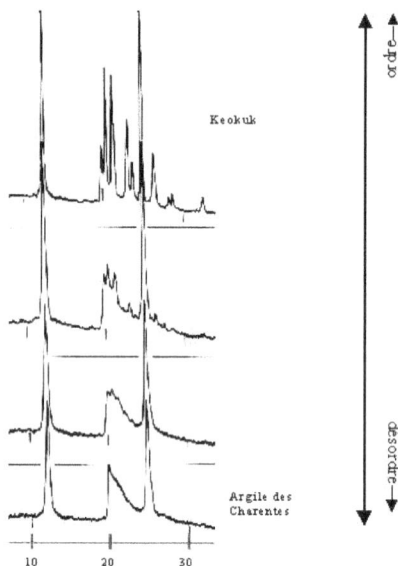

Figure I.8. Influence des défauts d'empilement sur la forme des raies (001) et (002) de la kaolinite [7].

I.3. Principaux usages industriels du kaolin

Dans les diverses utilisations du kaolin, chaque utilisateur se concentre sur certaines propriétés. Les propriétés souhaitées et les niveaux d'exigence varient d'une industrie à une autre ; le comportement rhéologique est très important pour l'industrie de céramique, mais cela n'est pas le cas pour la fabrication des réfractaires. Le quartz n'est pas bienvenu dans le kaolin destiné à l'industrie du papier, tandis que sa présence empêche la déformation de la céramique pendant la cuisson (Rahimi et Matin 1989).Une bonne connaissance de la relation entre les propriétés et les rôles des composants du kaolin industriel est indispensable pour la commercialisation du produit. Parce qu'il est chimiquement inerte avec une gamme de pH de 4 à 9, que sa couleur est blanche ou proche au naturel et après cuisson, qu'il a un bon pouvoir couvrant qu'il est doux et non-abrasif, que ses particules sont très fines, qu'il est plastique avec l'eau, réfractaire, qu'il a une faible conductivité thermique et électrique, qu'il est hydrophile et se disperse aisément dans l'eau, que son coût est faible, le kaolin a de très nombreux usages. Quelques uns sont présentés dans le Tableau I.4.

Tableau I.4 Utilisations industrielles du kaolin (bundy 1993 et Murray 1999).

Rôle	Utilisation
Couchage	Couchage de papier, peinture, encre.
Charge	Charge minérale de papier, caoutchouc, plastiques, polymères, adhésifs, textiles, linoléum.
Matiére première	Catalyseurs, fibre de verre, ciment, industrie du bâtiment, céramique, plâtre, filtre, émaux, fonderie, production des composés chimiques d'aluminium, production de zéolite.
Diluant, adsorbant ou transporteur	Polissage, engrais, insecticide, détergent, produits pharmaceutiques, produits de beauté, tannerie de cuirs.

I.3.1. Céramiques

Les argiles sont les matériaux les plus consommés et aussi les plus anciens dans l'industrie de la céramique. Les propriétés importantes du kaolin dans l'industrie céramique peuvent être présentées sous deux classes :

1) les propriétés intrinsèques sont la composition minéralogique, la composition chimique et la distribution granulométrique (surface spécifique et CEC). Dans la composition chimique les facteurs suivant méritent d'être mentionnés : éléments traces, soufre, carbone organique, chlore, fluor, et sels solubles. La quantification de la composition minéralogique se fait par le calcul basé sur l'analyse chimique et la connaissance minéralogique qualitative.

2) Le comportement au délitage, le refus sur tamis, la teneur en eau (l'humidité et la perte au feu),comportement à la défloculation, demande en floculant et la concentration critique, la courbe de défloculation, le comportement au coulage (test de filtration), la cohésion en cru, la plasticité le comportement au séchage et à la cuisson sont des propriétés technologiques intervenant lors de la mise en forme d'un produit céramique. La densité, porosité, le retrait, le module de rupture, la déformation pyroplastique, la blancheur, la coloration et le comportement dilatomètrique sont les paramètres technologiques du comportement à la cuisson d'un produit céramique (Vouillemet 1998).La mesure de tous ces paramètres pour chaque échantillon d'un gisement de kaolin, n'est pas possible. Une bonne connaissance de la relation entre la composition de l'argile (minéralogique) et ces propriétés est indispensable.

Les spécifications techniques recherchées pour la fabrication des céramiques fines sont les suivantes (fiche technique SIM, Argiles pour céramiques fines et réfractaires).

1) Teneur en kaolinite prédominante ;
2) Eléments colorants non souhaités (argiles cuisant blanc) : $Fe_2O_3 < 2$ %, $TiO_2 < 2$ % ;
3) La présence de quartz peut être souhaitable, sauf pour le réfractaire ;
4) Présence de feldspaths, micas/illites et calcite à des teneurs < 25 %, souhaitée au contraire pour les produits grésés (argiles grésantes);
5) Présence de smectites (teneur < 5 %), d'halloysite et de matière organique souhaitée (amélioration de la plasticité);
6) Présence de gypse et de sels solubles prohibée.

La teneur en alumine, la pureté chimique et la couleur à la cuisson, sont les atouts principaux des produits céramiques (Delineau 1994).Les matériaux argileux sont caractérisés par la présence d'une proportion importante de particules fines de phyllosilicates de taille < 2 µm.

I.3.2. Dans les émaux

Le kaolin joue un rôle prépondérant dans les émaux, il peut remplacer l'apport en alumine et en silice quand ils font défaut, il joue un grand rôle dans la suspension des barbotines d'émail du fait de la finesse et delà forme de ces grains (< 2µm)[28].L'utilisation du kaolin dans les émaux doit néanmoins être limitée à cause de son retrait lors de la cuisson [28] qui risque de causer des défauts sur les glaçures. Un traitement physique et chimique du kaolin avant son utilisation dans la barbotine d'émail est nécessaire pour éliminer une partie des impuretés telles que l'hématite, la pyrite, le mica, la muscovite et une partie du quartz. Les kaolins riches en titane, présentant le moins d'impuretés colorantes tel que le fer de structure et cuisant blanc (en général les ball clays) sont les plus demandés dans l'industrie céramique en général et plus particulièrement dans les émaux car ils augmentent l'opacité, la blancheur et l'éclat de l'émail [29].

I.3.3. Réfractaires

Les matériaux réfractaires sont utilisés dans les processus de production qui impliquent un contact avec des substances corrosives à haute température. Les matériaux réfractaires doivent être inertes avec les substances avec lesquelles ils sont en contact, ils doivent être résistants mécaniquement et stables thermiquement ($T_{fusion} > 1500°C$). Les principales utilisations de l'argile réfractaire concernent la fabrication de briques réfractaires, de chamottes (argile cuite utilisée comme «dégraissant» dans les produits céramiques) et de divers ustensiles accessoires, tels que des creusets, les nacelles, cornues, et pot de verrerie, utilisés dans les industries métallurgies [12,20].Le quartz, la perte au feu, les composés du fer et les alcalin sont des minéraux qui jouent des rôles négatifs sur les propriétés des produits réfractaires.

I.3.4. Matériaux de construction

Le kaolin est employé dans l'industrie du bâtiment ou dans la fabrication de ciment [28]. Les kaolins calcinés à basse température, ou métakaolins, présentent des caractéristiques pouzzolaniques très élevées, qui en font d'excellents additifs pour les mortiers et bétons à base de ciment Portland. Le kaolin, en tant que source d'alumine, en remplacement des argiles communes, riches en fer, permet d'éviter la présence de fer pour la production de ciment blanc. Les métakaolins intéressent particulièrement les utilisateurs de ciments blancs, ainsi que les fabricants de mortiers et de bétons techniques.

I.3.5. Papier

Le plus grand utilisateur du kaolin est l'industrie papetière où il est employé comme matériau de remplissage (charge, voir plus loin) dans la feuille et comme couchage à sa surface. Les propriétés qui sont importantes pour le couchage du papier sont la dispersion, la rhéologie, l'éclat, la blancheur, l'indice de réfraction, la douceur, l'adhésivité, la résistance de la pellicule à la rupture, la réceptivité à l'encre, qui conditionnent la qualité d'impression.

Seuls quelques kaolins dans le monde peuvent être employés pour le couchage du papier en raison de conditions rigoureuses sur la viscosité et la blancheur.

I.3.6. Les applications médicales et cosmétiques

Le kaolin a une longue tradition d'utilisation dans des applications médicales et cosmétiques. Ces marchés exigent les niveaux les plus élevés de pureté et des spécifications de produit qui, naturellement, ont un coût assez considérable [13].

I.3.6.1. Utilisations modernes pharmaceutiques

Dans le secteur pharmaceutique, le kaolin est employé comme diluant et complément dans des médicaments et cataplasmes, comme par exemple en mélange avec de la morphine. Les propriétés absorbantes du kaolin peuvent réduire le taux auquel un médicament est libéré dans le corps et même la quantité réelle absorbés par le corps. La quantité de kaolin change considérablement selon les applications, entre 7.5 et 55 % de kaolin dans des applications absorbantes, autour 25 % dans des poudres de saupoudrage, et jusqu'à 55 % dans les cataplasmes. Le kaolin peut contenir des micro-organismes ; pour cette raison, le kaolin utilisé dans ces applications est stérilisé. On s'assure par ailleurs de faibles taux en métaux lourds tes que Pb, As ou Cd. Le kaolin est séché à l'humidité de 10 % et stocké dans un compartiment adapté habituellement d'environ 200 tonnes. Une fois approuvé par le laboratoire de contrôle de qualité, le kaolin est transféré à un silo équipé d'un moulin d'attrition à gaz. Ceci ramène le kaolin à l'état de poudre homogénéisée fine et ramène simultanément l'humidité à moins de 1.5 %.

I.3.6.2. Produits de beauté

L'utilisation principale pour le kaolin en produits de beauté est le fond de teint. Les fonds de teint sont un mélange de la poudre teintée et parfumée employée pour améliorer l'aspect de peau. La quantité du kaolin dans un fond de teint peut varier de 3 % dans une poudre lâche à 10 % dans un gâteau serré, ou la formulation lourde. Le kaolin est concurrencé par le carbonate de calcium précipité(PCC) comme base dans les produits de beauté, mais le kaolin est encore considéré comme de loin supérieur dans cette application. Le kaolin est également utilisé dans la formulation de rouge à lèvre.

I.3.7. Charges

La kaolinite est hydrophile, elle se disperse aisément dans l'eau avec l'addition d'un peu de dispersant chimique pour inverser la charge des bordures dues aux liens cassés.

I.3.7.1. Papiers

Les spécifications pour les kaolins de qualité " charge" pour l'industrie du papier sont résumées dans le tableau I.5.

Tableau I.5 Spécification pour les kaolins de qualité "charge" pour l'industrie du papier [20].

	Produit	Taille des particules (% < 2µ)	Blancheur (GE)
Traitement sec	Standard	50-60	76-79
	Premium	50-60	79-83
	Fine, blancheur standard	82-95	81-83
	Fine blancheur élevée	82-95	84-86
Traitement par voie humide	Standard	60-70	82-84
	Premium	60-65	83-85

I.3.7.2. Peintures

Le kaolin est utilisé en peinture en raison de son inertie chimique, de son opacité et de son pouvoir suspensif qui permet d'améliorer les propriétés d'écoulement et de thixotropie. Il intervient souvent comme adjuvant des pigments blancs du dioxyde de titane, pour abaisser les coûts. La granulométrie joue sur le type de peinture, le kaolin grossier est utilisé pour produire les peintures mates, et les kaolins fins sont utilisés pour les peintures brillantes. Les spécifications sont régies en France par la norme NF T31.101 (juin 1987), NF EN ISO 3262-8(Décembre 1999) pour le kaolin naturel et NF EN ISO 3262-9 (Octobre 1998) pour le kaolin calciné utilisé comme matières de charge pour peintures.

I.3.7.3. Caoutchoucs

Le kaolin améliore la résistance mécanique, la résistance à l'abrasion et la rigidité des produits. Les spécifications sont précisées dans la norme NF T45008 d'octobre 1986.

L'étude d'Yvon et al [9] montre que la qualité cristallochimique de la charge influence fortement la qualité des caoutchoucs chargés. Ils mentionnent de très bonnes corrélations entre le pH et tous les paramètres d'utilisation : plus le pH est élevé, meilleures sont les propriétés mécaniques des caoutchoucs chargés. Dans cette industrie, on parle de kaolin dur (75 à 80 % < 2 µm) qui tend à augmenter la résistance à la traction au déchirement et à l'abrasion. Le kaolin mou (20 à 45 % < 2 µm) diminue l'élasticité, mais accroît sa stabilité dimensionnelle et améliore l'état de surfaces des extrudés. La consommation de kaolin dans le caoutchouc voisine les 1.3 Mt par an. En 1976, on a utilisé en moyenne 129 kg de kaolin pour produire chaque tonne de caoutchouc. Ce taux d'utilisation a diminué à 76 Kg/tonne 1993, mais l'augmentation de la production du caoutchouc maintient le marché du kaolin dans ce secteur.

I.3.7.4. Polymères

L'utilisation du kaolin dans les polymères permet d'obtenir des surfaces plus lisses, une meilleure stabilité dimensionnelle et une meilleure résistance aux agents chimiques.

Dans la fabrication de PVC, le kaolin agit comme agent de renforcement car il augmente la durabilité du plastique. Liu et al. [29] ont travaillé sur l'utilisation du kaolin organo-modifié dans le polypropylène. Les résultats indiquent que du kaolin organo-modifié peut être exfolié dans le polypropylène, L'utilisation du kaolin organo-modifié dans les polymères permet d'obtenir des propriétés renforcées, pour des taux de charge beaucoup plus faibles. Le remplacement d'une partie de la charge des polymères par des *nano kaolin* peut entre autre améliorer la propriété des retardateurs de flamme.

I.3.8. Autres applications

I.3.8.1. Zéolite synthétique

La kaolinite entre dans la production de zéolites synthétiques avec des hydroxydes de Na, de Ca, de Mg et de K. Le traitement à ~100°C convertira la kaolinite en structures de zéolite avec différentes tailles de pore.

I.3.8.2. Production de SiC et Alumine

Des études récentes ont prouvé que la kaolinite peut être exploitée comme source d'alumine, puisque la réduction carbo thermique d'argiles kaoliniques à 1360-1505°C produit séparément de l'Al_2O_3récupérable et du SiC [28].

I.3.8.3. Elevage des animaux

Le kaolin est ajouté aux aliments des porcs, comme supplément, et pour la prévention des maladies diarrhéiques. L'étude de Sibbald et al (1960) en ajoutant du mélange cellulose-kaolin aux aliments des poussins, montre un rapport linéaire entre la concentration d'ajout et les gains de poids des poussins. Prola et al [28, 36] sont arrivés à des résultats similaires sur l'alimentation des chats. La recherche en Islande a indiqué que l'introduction du kaolin augmente la turbidité de l'eau, les poissons deviennent plus actifs et s'alimentent plus fréquemment.

I.3.8.4. Répulsif d'insectes

Les citronniers, les pêchers et les oliviers peuvent être traités avec un mélange du kaolin (2-5 %) et de l'eau pour les protéger contre quelques insectes endommageant leur fruit dans l'agriculture biologique et l'affermage conventionnel.

Le kaolin entre dans la composition de nombreux autres produits, mais en très faible quantité ; additifs de nourriture, encres, adhésifs, agent catalyseurs, agents blanchissants (polisseurs), absorbants, produits phytosanitaires, textiles, revêtements de sol, fonderie.

I.4. Evolution thermique du kaolin

1.4.1. Séquences des transformations des phases de la kaolinite à la mullite :

La kaolinite subit un certain nombre de phénomènes thermiques au cours d'un chauffage. Si les températures associées à ces différents évènements sont bien connues et admises de tous, il n'en est pas de même de la nature de certaines des transformations qui les accompagnent. Au cours de son traitement thermique, la kaolinite subit une déshydroxylation entre 460 et 600 °C, associée à un pic endothermique. Ce phénomène correspond à un départ d'eau de constitution par un mécanisme diffusionnel [29,30] et à la formation de la métakaolinite (phase amorphe). Cette phase, subit une réorganisation structurale vers 950-980 °C, associée à un pic exothermique. Le mécanisme associé à cette transformation ainsi que la composition chimique de l'éventuelle phase cristallisée obtenue (mullite et/ou phase de structure spinelle) suscitent des controverses. Vers 1200-1250 °C intervient la formation de la mullite dite secondaire, généralement associée à un faible pic exothermique.

$$Al_2Si_2O_5(OH)_4 \xrightarrow{450\ °C} Al_2O_3 .2SiO_2 + 2H_2O$$

Kaolinite   Metakaolin

$$2(Al_2O_3 .2SiO_2) \xrightarrow{925\ °C} 2Al_2O_3 .3SiO_2 + SiO_2$$

Metakaolinsilice   spinelle

$$2Al_2O_3 .3SiO_2 \xrightarrow{1100\ °C} 2(Al_2O_3 .SiO_2) + SiO_2$$

Silice spinelle   Pseudomullite

$$3(Al_2O_3 .SiO_2) \xrightarrow{1400\ °C} 3Al_2O_3 .2SiO_2 + SiO_2$$

Pseudomullite   Mullite + Cristoballite

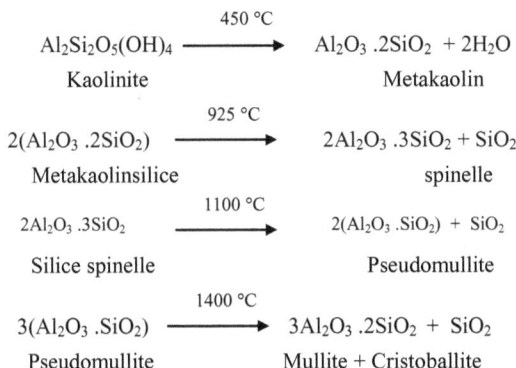

a) Phase métakaolinite

La métakaolinite ne donne pas de pics en diffraction X, mais un dôme très large centré vers 3.8 Å ce qui suppose une absence de structure à longue distance, c'est donc un amorphe. La diffraction d'électrons démontre cependant qu'il reste encore quelques caractéristiques de cristallinité : un ordre à courte distance est conservé.

La déshydroxylation perturbe le feuillet Al(O,OH) octaédrique mais, n'a pas d'effet sur le feuillet SiO_4 tétraédrique. 10% des hydroxyles persistent même à 920°C dans la métakaolinite [31,32], correspondant aux hydroxyles internes, ceux de la couche tétraédrique, qui permettent l'obtention de diagrammes de diffraction électronique

b) phase type spinelle

La phase de type spinelle [33] apparaît à 920 °C et persiste jusqu'au moins 1150 °C. Elle est réputée se former en même temps qu'apparaît la mullite. Cependant, dans les nouvelles données [9, 36, 37, 38] de diffraction d'électrons, la phase type spinelle apparaît avant la phase mullitique juste avant que le pic exothermique ne soit observé. Ce spinelle montre une symétrie de type pseudo-hexagonale avec une orientation préférentielle vers la structure parentale de la kaolinite. Il s'agirait de spinelles Al-Si ou strictement Al. Leur structure est difficile à déterminer du fait de leur très faible taille [34].

c) Phase mullite

La mullite commence à se former dès 940 °C [35], mais ne comporte aucune relation cristallographique avec la phase de type spinelle, ou la métakaolinite. La taille de la mullite est inférieure à 10 nm jusqu'à une température de 1100 °C, puis elle augmente brusquement dès 1200 °C. Ce retard à la croissance du germe de la mullite est probablement dû à la coexistence de la mullite et de la phase type spinelle. La composition de la mullite est elle-même sujette à controverse. Le rapport stœchiométrique Al:Si de 3:2 n'est pas stable et évolue en fonction de la température [36,37,38,39].

d) Phase de SiO2

Il est possible que de la silice amorphe existe dès la formation de la métakaolinite, du fait de l'apparition de chaînes tétraédriques indépendantes, strictement siliceuses. Le dôme des amorphes correspondants à la métakaolinite évolue à 940 °C de 3.83 à 4.13 Å. Cette dernière position est celle qui correspond à la silice amorphe, très proche du pic de la cristobalite qui se développera à ses dépends. La cristobalite apparaît dés la disparition de la phase spinelle, à 1200 °C, avec un pic à 4.15 Å bien marqué au même lieu du dôme amorphe [33,35].

e) Les phases secondaires d'impuretés dans la mullite

La mullite générée par les minéraux du kaolin, après traitement thermique contient inévitablement des impuretés spécialement (K_2O, Na_2O, FeO3 etTiO$_2$). La présence de ces impuretés [40, 41, 42] favorise l'apparition de phases liquides à des températures inférieures à celles de l'eutectique des systèmes Al_2O_3-SiO_2. Par exemple dans le cas du système Al_2O_3-SiO_2-K_2O, la phase liquide apparaît dès 985°C au lieu de 1587 °C dans le système Al_2O_3-SiO_2. Sachant que la présence de phase liquide joue un rôle dans le comportement mécanique de la mullite, il est important que ce phénomène soit minimisé dans les réfractaires et les chamottes.

I.4.2. Composition et morphologie de la mullite

La mullite est orthorhombique [43]. Pour une composition stœchiométrique, sa maille élémentaire a pour dimensions :

$$a = 7,5440 \text{ Å} \qquad b = 7,680 \text{ Å} \quad \text{et } c = 2,885 \text{ Å}$$

La mullite est constituée de chaînes d'octaèdres AlO_6 aux sommets et aux centres de cette maille, parallèles à l'axe c, reliées par des chaînes de tétraèdres $(Al,Si)O_4$. La mullite a un défaut de structure dont la composition moyenne pouvant aller de la formule $3Al_2O_3.2SiO_2$ à $2Al_2O_3.SiO_2$ (notées communément 3:2 et 2:1). L'enrichissement en Al^{3+} peut être obtenue par la substitution d'un Si^{4+} et l'élimination d'un oxygène dans le tétraèdre $(Al,Si)O_4$, laissant une vacance en oxygène résumé comme suit :

$$2 \text{ Al}^{3+} + O^{2-} = 2 \text{ Al}^{3+} + [O]$$

Cet enrichissement [44] est associé à un changement des paramètres de la maille. Les valeurs de a et de c augmentent, la valeur de b reste approximativement constante. Ces vacances d'oxygènes dans la mullite peuvent exister à des degrés variables, ce qui a donné lieu à des études systématiques afin de déterminer les conditions de process pour promouvoir la formule la plus stable de la mullite. Cette dernière parait être favorisée par la présence d'un excès d'alumine [45,46].

La mullite formée à basse température (940 °C [47] à 1150 °C [48]) à l'intérieur des feuillets des argiles est généralement dite primaire [38,39, 40]. Elle se présente sous forme de petits cristaux aciculaires de taille de l'ordre de 20-30 nm [49, 50,51] (Figure I.9). Il s'agit d'une phase riche en aluminium ; des stœchiométries alumine-silice de 2 pour 1voire même de 10 pour 1[84] ont été rapportées. Cette formation serait influencée par la présence des ions OH- résiduels au sein de la métakaolinite.

La mullite dite secondaire est formée à plus haute température. Elle se distingue de la mullite primaire par la morphologie et la taille des cristaux, plus grands que ceux de mullite primaire. Ainsi donc, seules les aiguilles de mullite secondaire (Figure I.10) sont observables au microscope optique, Aucune différence n'est détecté entre les diagrammes de rayons X de ces deux mullites [49] tandis que sur des spectres d'absorption infrarouge, des différences sont observées [52]

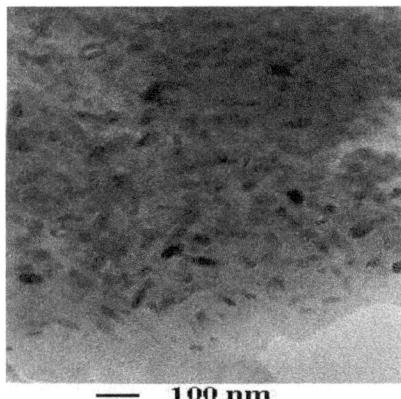

— **100 nm**

Figure I.9. Cristaux aciculaires de mullite primaire formés à partir de métakaolin (MET) [51]

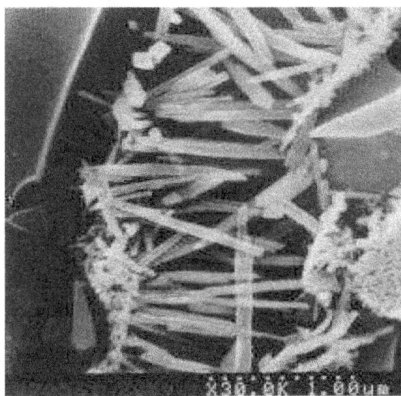

Figure I.10. Aiguilles de mullite secondaire(MEB) [51]

I.4.3. Equilibre de phase et solubilité

L'équilibre de phase du système Al_2O_3 - SiO_2 est illustré par la figure I.11. La mullite est le seul composé présent dans ce système. Aksay et Pask [54] ont tracé un diagramme en examinant la zone de réaction entre les couples de diffusion des cristaux singuliers d'Al_2O_3 et un aluminosilicate vitreux. En supposant le métakaolin assimilable aux amorphes homogènes considérés par Aksay et Pask, il est possible d'interpréter les modifications d'énergie dégagée au cours de la transformation exothermique de cristallisation de la mullite à partir de l'aluminosilicate vitreux.

Lorsque le mélange est amorphe, il apparaît une large zone de démixtion dans le domaine de composition compris entre silice et mullite. La composition du métakaolin, représentée par le point **MK**, est située à l'intérieur du domaine de démixtion, plus particulièrement dans la zone où un comportement de type spinodale est susceptible d'être observé à basse température. Les points **A** et **B** correspondent aux compositions limites de la zone de démixtion et **C** et **D** aux limites du domaine où un comportement spinodale est possible. Ainsi, une vitesse de chauffe lente et une calcination prolongée à 900°C, qui permettent une évolution progressive vers un état plus stable, doivent favoriser la démixtion spinodale du métakaolin. Sa composition doit alors fluctuer entre des zones enrichies en aluminium et des zones enrichies en silicium.

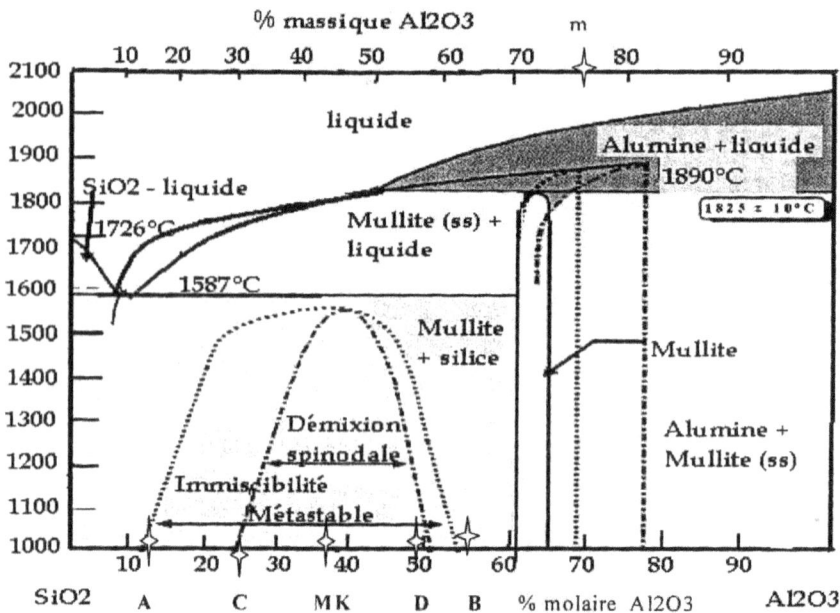

Figure I.11. Diagramme de phase d'après Aksay et Pask [54]

En revanche, un traitement thermique rapide doit limiter cette démixtion spinodale en considérant l'hypothèse selon laquelle le phénomène exothermique est associé à une brutale démixtion des compositions, comprises entre **C** et **D**, en deux domaines, plus stables, de composition correspondant aux points **A** et **B**. A masse de matière constante, la réorganisation structurale associée à cette brutale transition est alors d'autant plus conséquente que la démixtion spiroïdale aura été incomplète, c'est-à-dire que les domaines concernés ont une composition éloignée de **C** *et/ou* de **D**.

Les diminutions concomitantes d'enthalpie et d'entropie associées au phénomène exothermique seraient donc d'autant plus importante que la montée en température du métakaolin est rapide et que la diffusion en son sein est lente (rôle de l'ordre, influence des impuretés). Cette interprétation, qui associe le phénomène exothermique à une démixtion au sein du métakaolin plutôt qu'à la formation de germe de mullite et/ou de phase de structure spinelle, permet d'expliquer l'absence de corrélation simple entre la chaleur dégagée pendant la transformation structurale et la nature et la quantité de phase cristallisée détectée à 1000°C. Elle permet aussi de rendre compte de l'évolution de morphologie du matériau entre 910 et 990°C. Le métakaolin est accompagné d'une augmentation du volume relatif de porosité ouverte de + 2 % et d'un grossissement de la taille des pores, comme l'ont montré les résultats de porosimétrie à mercure établis par Soro [7].

I.5. Frittage des céramiques

Le frittage peut être défini comme le phénomène qui permet de passer d'une poudre compactée à un produit dense sous l'effet d'un traitement thermique [7]. Au cours du frittage les réactions et les transformations se font entre phases solides ou entre phases solides et liquides plus ou moins fluides.

I.5.1. Frittage en phase solide

Le tableau I.6 indique les différentes étapes du frittage en phase solide. Les mécanismes de transport de matières sont susceptibles d'intervenir durant le frittage.

Tableau I.6. Les étapes du frittage.

Etat initial	Diffusion des espèces en surface des grains Arrondissement des surfaces de grains Formation des joints de grains La porosité reste ouverte et importante
Etat intermédiaire	Réduction de la taille des pores ouverts et de la porosité Diminution du volume poreux Grossissement lent des grains Fermeture progressive de la porosité Concentration des pores aux intersections des joints de grains
Etat final	Grossissement anormal des grains Les pores intragranulaires ne sont pas réduits

Pendant l'augmentation de température, les grains de mullite primaire croissent modérément alors que ceux que ceux de mullite secondaire tendent à être dissous par la phase visqueuse [56]. Il a été constaté que lorsque cette phase est abondante, les grains de mullite primaire demeurés intacts à haute température, pourraient servir de centre de nucléation en volume pour la mullite secondaire qui entrerait ensuite en croissance par diffusion (à partir d'un nombre constant de nucléide [57]. Chen *et al.* [53] ont montré, à partir d'un mélange de kaolinite et d'alumine, que la formation de la mullite secondaire est accompagnée d'une diminution de la quantité de phase visqueuse. Les mécanismes suivants permettent d'expliquer cette transformation :

- Interdiffusion à l'état solide entre l'alumine et la silice [58] ;
- Dissolution des phases riches en Al_2O_3 par un liquide eutectique métastable, suivie d'une précipitation de la mullite [58, 31,33] ;
- Réaction entre les phases riches en Al_2O_3 et les impuretés présentes dans la phase visqueuse riche en SiO_2 conduisant à la formation d'un liquide transitoire, à partir duquel précipiterait la mullite [58]. Le premier liquide riche en impuretés peut dans ce cas apparaître à partir de 985 °C en présence de K_2O.

I.5.2. Frittage en présence de phase liquide

A haute température, la présence de fondants (composés de sodium, potassium) fait apparaître une phase liquide dont la composition et les propriétés (viscosité) peuvent évoluer avec la température et le temps du fait de divers facteurs dont la dissolution des grains. Une très faible quantité de liquide ($\leq$ 1 % vol) lorsqu'elle est répartie de façon homogène suffit pour activer la densification. Le liquide favorise la réorganisation des grains (lubrification et effet capillaire) et la mobilité des pores (diffusion de gaz aisée).

Lorsque le matériau se dissout dans la phase liquide (c'est le cas dans de nombreux produits argileux), le flux de transport de matières dépend des caractéristiques de la phase liquide. La dissolution a lieu de préférence dans les zones à fortes courbures (arêtes vives et petits grains). De nouvelles phases peuvent apparaître par recristallisation. Tous les mécanismes de frittage ne favorisent pas la densification des matériaux traités.

La densification est caractérisée par une élimination progressive de la porosité qui se traduit par une diminution du volume global caractérisée par un retrait en dilatométrie. Ce type de retrait est purement lié à la densification du matériau étudié, ce qui n'est pas toujours le cas des autres retraits observés en dilatométrie, d'où la complémentarité de ces deux techniques.

Tableau I.7. Mécanismes de frittage et densification

Mécanisme	Densification
Diffusion en surface	Non
Diffusion aux joints de grains	Oui
Déformations plastiques	Oui
Diffusion en volume	Oui
Flux visqueux	Oui

I.6. Effets des impuretés sur la coloration des kaolins

I.6.1. Définition de la couleur :

La couleur est l'un des éléments les plus attractifs d'un minéral, elle est souvent considérée comme étant l'un des critères de reconnaissance des minéraux. Le quartz peut être rencontré sous toute la gamme des couleurs ou presque : incolore, blanc, violet en tant qu'améthyste, bleu rarement, jaune orangé en tant que citrine, rouge hématoïde ou encore noir fumé [59]. La couleur prend ses sources dans les interactions entre la lumière (énergie) et les électrons. On peut distinguer les interactions physiques, pour lesquelles la lumière n'est affectée que d'une manière élastique, c'est à dire que sa direction est perturbée mais pas son intensité (phénomènes de réfraction, diffusion ou diffraction) des interactions chimiques où les interactions sont inélastiques, pour lesquelles une partie de l'énergie de la lumière est absorbée. Il s'agit ici principalement de phénomènes d'absorption par des éléments de transition, de centres colorés ou par des transferts de charges dans des groupements de plusieurs atomes.

I.6.2. Interactions lumière/matière :

La lumière visible est une radiation électromagnétique de longueur d'onde comprise entre 700 et 400 nm, soit de 1.8 eV (Infra Rouges) à 3 eV (Ultra Violet). Lorsqu'une lumière blanche frappe la surface d'un minéral, elle peut être transmise, absorbée, réfléchie, réfractée ou diffusée. Quand un quantum d'énergie radiative sous forme de lumière blanche frappe un électron excitable, il peut transférer cet électron sur une orbitale d'énergie supérieure, pour autant que la source d'énergie radiative soit la même que celle du saut énergétique. Alors le quantum d'énergie initiale est absorbé la couleur correspondante disparaît du spectre et l'électron est excité. La désexcitation s'accompagne d'un rayonnement de fluorescence. Lorsque l'énergie de la source est plus grande ou plus petite que le saut énergétique, la radiation traverse la structure sans absorption. Dans les liaisons de type métalliques, l'intervalle bande de valence bande de conduction est du même ordre de grandeur que l'énergie de la lumière visible : toute la lumière est absorbée ; les minéraux en question sont donc opaques. Beaucoup d'énergie est restituée par fluorescence, ce qui donne la brillance. Les orbitales d et f des éléments de transition possèdent des intervalles énergétiques correspondant aux énergies de la lumière visible. Ils absorbent donc certaines énergies (couleur) et l'œil perçoit les énergies restantes sous forme de la couleur complémentaires. Ainsi dans la malachite Cu_2CO_3 $(OH)_2$ le cuivre Cu^{2+} absorbe le rouge et l'œil perçoit le vert résultant des longueurs d'ondes non absorbées.

Selon que l'ion de l'élément de transition est présent en grande quantité, ou seulement en tant qu'impuretés, on distingue deux types de coloration :

a) La coloration idiochromatique

La coloration idiochromatique est intrinsèque au minéral, c'est à dire qu'elle est due à la présence d'ions « colorants » en grande quantité dans le minéral, ions qui sont l'essence même du minéral et non pas des impuretés. On peut citer par exemple, les ions Cu^{2+} de la malachite ou de l'azurite. Ces ions apparaissent dans la formule de la composition du minéral malachite : Cu_2CO_3 $(OH)_2$, azurite $Cu_3(CO_3)_2$ $(OH)_2$.

b) La coloration allochromatique

Par opposition à la coloration idiochromatique, la coloration allochromatique est due à des ions présents en faible quantité dans le minéral. Ce sont des impuretés et ils n'apparaissent pas dans la formule du minéral par ailleurs sans ces impuretés le minéral apparait incolore. A titre d'exemple : Dans un béryl, la présence de Cr^{3+} et V^{3+} donne la couleur « vert émeraude », alors que le Mn^{3+} le colore en rouge, et le Fe^{3+} en jaune (héliodore). Dans un béryl, le fer donne la couleur bleue (aigue-marine) s'il est divalent (Fe^{2+}) et la couleur jaune s'il est trivalent (Fe^{3+}). Dans le cas de l'hématite Fe_2O_3, le fer trivalent est le chromophore responsable de la teinte ocre de ce minéral.

I.6.3. Mesure de la couleur d'un objet :

La couleur d'un objet est déterminée suivant trois critères ou attributs que sont la teinte (hue), la clarté ou luminosité (value) et la saturation (chroma). Nous pouvons ainsi définir très précisément les propriétés d'une couleur, ce qui sera utile dans le cadre d'une mesure colorimétrique. Les propriétés optiques les plus importantes des colorants blancs sont : l'éclat, la blancheur et l'indice de jaune (exprimé en unités ISO). L'éclat représente les pourcentages de la réflectivité de lumière à une longueur d'onde de 457 nanomètres et la différence en valeurs de réflectivité à 457 et à 570 nanomètre donne l'indice de jaune.

a) La teinte

La teinte est liée à la longueur d'onde réelle sur le spectre visible, et définit donc le nom de la couleur de l'objet. Nous utilisons cette notion de teinte pour exprimer en colorimétrie le nom de la couleur qui est employé quotidiennement par chacun d'entre nous. L'ensemble de ces teintes peut être représenté sur une roue, appelée roue des couleurs.

b) La luminosité ou la clarté

La luminosité, pour chacune de ces teintes, peut varier du sombre au clair. Elle est déterminée par un pourcentage de lumière réfléchie par l'objet coloré. Nous verrons que certaines couleurs sont par nature plus sombres que d'autres (par exemple, le rouge est plus sombre que le vert, qui est la couleur pour laquelle l'oeil est le plus sensible). La mesure de ce paramètre peut être effectuée indépendamment de la teinte de l'objet coloré.

c) La saturation

Le dernier attribut de la couleur est la saturation. Elle fait intervenir la notion de pureté d'une couleur. Une couleur ayant une teinte précise sera déssaturée si celle-ci est associée à un gris possédant une luminosité identique. Cette notion de saturation est indépendante des deux précédentes.

I.6.4. Les Paramètres CIE Lab (1931) et CIEL*a*b*(1976) :

En 1931, la C.I.E (Commission Internationale de l'Eclairage) a mis au point un espace représentant les couleurs (Figure I.12), l'espace Yxy. Ce système colorimétrique est basé sur les fonctions de mélanges décrites par Wright et Guild [63]. Son développement est une transformation linéaire de ces fonctions. Les composantes trichromatiques X, Y et Z sont des primaires virtuels sur lesquelles repose le développement des fonctions de mélanges. Trois acteurs sont nécessaires pour la perception des couleurs :

- une source de lumière $E(\lambda)$;

- un objet dont on veut déterminer la couleur $R(\lambda)$;

- un observateur $x((y), (z))(\lambda)$.

La CIE a donc mesure les paramètres décrivant ces trois acteurs pour chaque longueur d'onde du spectre lumineux.

Le système CIE Lab consiste en un repère cartésien L.a.b (Figure I.12) où l'axe L est la mesure de la lumière / l'obscurité qui varie entre 100 pour le blanc parfait et 0 pour le noir absolu. L'indice de couleur rouge/vert est indiqué par le terme "a" qui indique la nuance rouge pour des valeurs positives de a et nuance verte pour des valeurs négatives. L'indice de couleur jaune / bleu est caractérisé par "b", les nuances virent vers jaune si l'indice est positif, elle vire vers bleu si l'indice est négatif

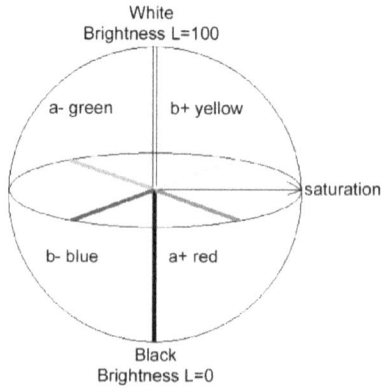

Figure I.12. Représentation colorimétrique de l'espace chromatique CIELAB [19]

A son origine, les valeurs tristimulus XYZ, qui correspondent aux trois composantes rouge, verte et bleue, sont déduites et calculées à partir des fonctions de mélanges obtenues pour un observateur moyen. Cette notion est appelée observateur standard, et a été représentée en 1931 sur un graphique déterminant la sensibilité spectrale de l'oeil humain moyen. Les couleurs sont donc calculées en fonction de ces valeurs tristimulus XYZ, et représentées dans l'espace couleur Yxy en deux dimensions, pour chaque valeur de Y. La composante primaire Y a été déterminée de telle façon que la fonction de mélange lui correspondant soit proche de la fonction de visibilité de l'observateur de référence. Les trois paramètres que sont les composantes X, Y et Z peuvent être divisés en deux groupes représentant la chromaticité et la luminosité. C'est pour cela que l'espace colorimétrique Yxy peut être représenté en deux dimensions.

En 1976, la C.I.E met en place un espace couleur appelé CIE L*a*b*, qui est actuellement très utilisé pour la mesure des couleurs. Un des principaux problèmes de l'espace couleur Yxy était que les différences de couleur observables sur le graphique ne correspondaient pas aux écarts de couleur perçus par l'œil. L'espace CIE L*a*b* essaie de résoudre ce défaut, en intégrant les trois attributs de la couleur dans ces formulations. Cet espace couleur est donc tridimensionnel et uniforme (dit pseudo-uniforme) [64]. Les valeurs L*a*b*sont calculées à partir de leurs tristimulus XYZ.

$$L* = 116(Y/Yn)1/3 - 16 \tag{1}$$

$$a* = 500[(X/Xn)^{1/3} - (Y/Yn)^{1/3}] \tag{2}$$

$$b* = 200[(Y/Yn)^{1/3} - (Z/Zn)^{1/3}] \tag{3}$$

X, Y, Z sont les valeurs tristimulus de l'échantillon, Xn, Yn et Zn sont les valeurs de X, Y et Z correspondant à l'illuminant utilisé.

I.6.5. Autres paramètres de la couleur :

Les propriétés optiques les plus importantes des colorants blancs sont : l'éclat, la blancheur et l'indice de jaune (exprimé en unités ISO). L'éclat représente les pourcentages de la réflectivité de lumière à une longueur d'onde de 457 nanomètres et la différence en valeurs de réflectivité à 457 et à 570 nanomètre donne l'indice de jaune. D'autres paramètres peuvent être utilisés pour évaluer la blancheur et la teinte d'un matériau considéré blanc. La blancheur d'un matériau est mesurée par le paramètre W_{10}et sa teinte par $h_{10,w}$, calculés en utilisant les valeurs de tristimulus Y,x et y de l'échantillon considéré, en prenant en compte l'angle de pris de l'objectif par rapport à l'échantillon étant égale à 10°[64].

I.6.6. Effet des impuretés dans les kaolins :

La coloration naturelle des kaolins est due à la présence des impuretés minérales des phylosillicates et à la présence des éléments de chromophore dans la kaolinite tel que le Fe^{3+}en substitution isomorphique d'Al^{3+} octaédrique (Raghavan et al, 1997), (Jepson, 1988).Les impuretés minérales telles que la goethite, l'hématite, l'anatase, la todorokite, etc... donnent de la couleur aux argiles en générale et aux kaolins en particulier. Ils sont présents comme des minéraux auxiliaires qui sont défavorables aux propriétés optiques (vis-à-vis de la blancheur) des produits qui les renferment. L'état de valence des ions ainsi que leurs positions atomiques dans la structure dépend des conditions de formation des minéraux (Muller and Calas, 1993; Muller et al. 1995).Plusieurs recherches ont été faites sur la nature des ions existants dans les impuretés du kaolin, notamment l'impureté de fer [65,66], celles-ci montrent que :

Les minéraux de fer les plus communs dans les argiles sont l'hématite de couleur rouge et la goethite de couleur jaune (Malengreau et al. 1996).).

La coloration grise de certains kaolins [67] est due à la présence de quantités mineures de diverses phases minérales telles que la pyrite, la marcassite, silicates de fer et kérogène. Ils restent inchangés en conditions réduites tant qu'ils ne sont pas chimiquement oxydés (White et al. 1991).

I.7. Propriétés diélectriques des matériaux

I.7.1. Définition des diélectriques

Les isolants ou les diélectriques sont des matériaux ayant une résistivité très élevée : 10^8 à 10^{16} Ω.m, car ils contiennent très peu d'électrons libres. Un bon isolant ne devrait pas laisser passer de courant lorsqu'il est soumis à une tension continue, autrement dit, sa résistance en courant continu doit être infiniment grande. Cependant, en pratique, un courant de fuite très faible circule dans tous les matériaux isolants utilises en HT continue. Le courant passant à travers un isolant en HT continue est également constant et est appelé courant résiduel. En haute tension alternative, n'importe quel matériau isolant laisserait passer un courant capacitif.

Les isolants sont utilises pour :

- assurer une séparation électrique entre des conducteurs portés à des potentiels différents afin de diriger l'écoulement du courant dans les conducteurs désirés.
- supporter les éléments d'un réseau électrique et les isoler les uns par rapport aux autres et par rapport à la terre.
- remplir les fonctions de diélectrique d'un condensateur.

Malgré l'utilisation intense des matériaux céramiques dans les applications haute tension sous diverses contraintes, elle peut cependant se révéler limitée par un phénomène communément appelé claquage diélectrique conduisant à la détérioration du matériau (perforation, fusion, fissuration), il perd alors ses propriétés d'isolant. Ce phénomène peut être attribué à la déstabilisation de la charge d'espace. En effet, lorsque des charges sont injectées dans un isolant (par irradiation électronique, par application d'une tension électrique entre deux électrodes...), celles-ci ainsi que celles générées (par création de paires électron-trou) s'accumulent dans le matériau, provoquant localement une polarisation et une déformation du réseau qui s'accompagnent d'une accumulation importante d'énergie. La déstabilisation brutale de ces charges par une perturbation quelconque (électrique, mécanique, thermique) va entraîner la libération brutale de l'énergie stockée par le réseau conduisant ainsi à la fusion et à la sublimation locale du matériau. La capacité d'un matériau à résister au claquage diélectrique est étroitement liée à ses propriétés de transport et de piégeage des charges qui dépendent de la microstructure du matériau comme l'ont mis en évidence les travaux de J.Liebault, X.Mieyza et M.Touzin [68].

I.7.2. Permittivité relative, capacité électrique et pertes diélectriques

Dans le cas (purement théorique) d'un diélectrique parfait, la permittivité relative ε_r se définit comme le rapport entre la capacité C_x d'un système d'électrodes immergées dans le diélectrique et la capacité C_0 de la même configuration d'électrodes dans le vide :

$$\varepsilon_r = \frac{C_x}{C_0}$$
(4)

Avec : $C_0 = \varepsilon_0 \, S/e$

Où $\varepsilon_0 = 8,85.10^{-12}$ F/m est la permittivité absolue du vide (ou de l'air).

Si le même condensateur est rempli par un isolant, sa capacité devient :

$$C_x = \varepsilon_r \, C_0 = \varepsilon_r \, \varepsilon_0 \, S/e$$
(5)

La permittivité absolue est définie par $\varepsilon = \varepsilon_r.\varepsilon_0$

Pour l'air, les gaz et le vide, $\varepsilon_r = 1$. D'où $\varepsilon = \varepsilon_0 = 8,85.10^{-12}$ F/ m Pour tous les autres isolants, $\varepsilon_r > 1$.

Dans le cas des diélectriques réels (donc imparfaits), on définit la permittivité relative complexe ε_r^*. Cette notion permet d'analyser le défaut de quadrature entre le courant et la tension aux bornes d'un condensateur et donc d'introduire des pertes diélectriques :

$$\varepsilon_r^* = \varepsilon_r' - j\varepsilon_r''$$
(6)

La capacité d'un condensateur est proportionnelle à cette grandeur. Dans le cas d'un condensateur plan, la capacité est égale à :

$$C = \frac{Q}{V} = \varepsilon \frac{S}{e} = \varepsilon_0 \varepsilon_r \frac{S}{e}$$
(7)

Avec : Q : la charge électrique totale exprimée en coulomb.

V : la tension appliquée en volt.

ε_0 : la permittivité du vide en F.m^{-1}.

ε_r : la permittivité relative du matériau, sans dimension.

e : l'épaisseur du diélectrique en m.

Les pertes diélectriques correspondent à l'énergie qui est dissipée dans le matériau lorsque celui-ci est soumis à un champ électrique. Le facteur de dissipation diélectrique (ou bien tangente de l'angle de pertes tg δ) est égal au quotient :

$$tg\delta = \frac{\varepsilon_r''}{\varepsilon_r'}$$

(8)

δ est l'angle complémentaire du déphasage entre la tension appliquée au diélectrique et le courant qui en résulte.

Le produit $\varepsilon_r' tg\delta = \varepsilon_r''$ est appelé indice de pertes car il caractérise l'énergie dissipée dans le diélectrique [69]. Le mécanisme physique permettant de comprendre et d'interpréter la permittivité et la tangente de l'angle de pertes est la polarisation diélectrique que nous allons étudier dans le prochain paragraphe.

I.8.2.1 Différents mécanismes de polarisation :

Dans un matériau, le phénomène de polarisation résulte de l'apparition de moments dipolaires sous l'action d'un champ électrique extérieur. La conséquence est le déplacement du centre de gravité des charges positives par rapport à celui des charges négatives. Ce déplacement est considéré faible dans le cas des matériaux diélectriques en raison des électrons fortement localisés. La compréhension des propriétés électriques dans le matériau passe par la connaissance de l'origine des contributions à la polarisation. Ces moments dipolaires, de par leur nature, réagissent différemment sous l'action d'un champ électrique variable [70,71].

La polarisation totale P se décompose en cinq contributions, schématisées par la Figure.3 :

$$P = P_e + P_i + P_d + P_s + P_{int}$$

(9)

Avec : P_e : la polarisation électronique.

P_i : la polarisation ionique.

P_d : la polarisation dipolaire ou d'orientation.

P_s : la polarisation de charge d'espace.

P_{int} : la polarisation interfaciale.

La polarisation électronique provient de la déformation du nuage électronique des atomes. Elle se manifeste à basse fréquence et ne peut plus suivre le champ oscillant à partir de 10^{17}Hz environ [70,71].

La polarisation ionique est due au mouvement des ions autour de leur position d'équilibre. Comme la polarisation électronique, elle intervient à basse fréquence et disparaît à partir de 10^{17} Hz environ [70,71].

La polarisation d'orientation ou dipolaire est due à l'orientation des dipôles permanents dans le champ électrique. Cette polarisation, peu rencontrée dans les céramiques, n'est sensible qu'à des fréquences inférieures à 10^8 Hz [70,71].

La polarisation de charges d'espaces de mobilité réduite, peut être des porteurs qui ne se sont pas recombinés aux électrodes ou encore des impuretés piégées dans la céramique, par exemple aux joints de grains. Elle n'est sensible qu'à des fréquences inférieures à 10^3 Hz [70,71].

La polarisation interfaciale apparaît dans des céramiques hétérogènes présentant des variations de résistivité; par exemple, une céramique composée de grains semi-conducteurs séparés par des joints de grains isolants. Dans le modèle de Maxwell-Wagner (Figure I.4), le grain est associé à une résistance série faible R_g et le joint de grain à une forte résistance R_j en parallèle avec une capacité C_j, (Figure I.13) [70,71] :

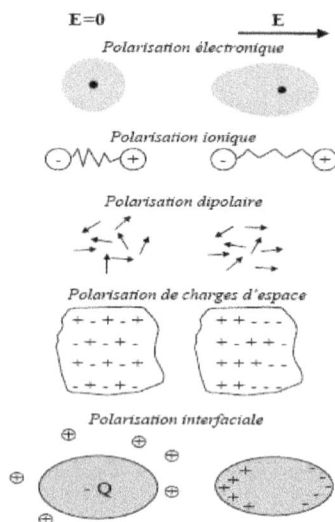

Figure I.13 représentation schématique des différents mécanismes de polarisation [70].

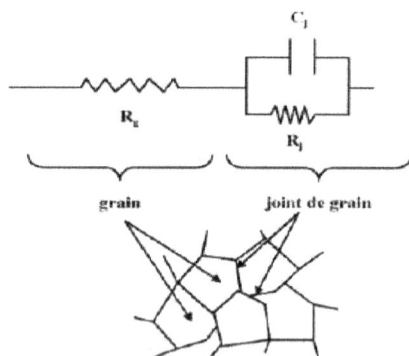

Figure I.14 .Modèle de Maxwell-Wagner [70].

I.8.2.2 Les défauts dans les isolants :

Les défauts dans les isolants sont de toutes catégories (ponctuels, linéaires, étendus...). Dans le cas des matériaux cristallins, on considère ainsi plus particulièrement, les défauts "chimiques", tels que les lacunes, les interstitiels, les impuretés chimiques, les dislocations, les joints de grains ..., dans les amorphes d'autres phénomènes peuvent être à l'origine d'une variation de la permittivité et devenir des lieux de piégeage possibles pour le polaron (zones de densité différentes, variation locale de la contrainte, ségrégation...).

Ces différents pièges peuvent d'une façon générale, se décomposer en deux catégories, ceux correspondants à des pièges peu profonds (entre 0,1 et 1eV) dans lesquels les électrons ne sont que momentanément localisés (autopiégeage polaronique, défauts étendus...) ou bien ceux qui piègent de façon plus forte et souvent définitive les électrons (E>1eV). Les défauts ponctuels dans les cristaux (en particulier les impuretés, les lacunes...) dans les oxydes du type alumine ou dioxyde de titane ont des niveaux relativement profonds (3 à 3,8 eV pour les lacunes d'oxygène dans l'alumine par exemple) [72].

I.8.3 Propriétés diélectriques des matériaux frittés

Dans les matériaux céramiques, le frittage s'effectue à des températures assez élevées (1300-1500 °C), lorsque la pression d'équilibre de l'oxygène est supérieure à la pression partielle de l'oxygène du milieu du four, des lacunes d'oxygène (VO^{2+}) sont formées. Afin que l'équilibre des charges soit respecté, il y a réduction d'une partie des cations trivalents (ex : Fe^{3+} en Fe^{2+}) ou des cations tétravalents (ex : Ti^{4+} en Ti^{3+} et dans ce cas la couleur du matériau titanate vire au bleu). En conséquence de l'échange des électrons entre Fe^{3+} et Fe^{2+} ou Ti^{4+} et Ti^{3+}, la résistivité du matériau diminue et les pertes augmentent d'autant. La réduction des cations est possible pour des matériaux et composés contenant des ions de métaux de transition dont la valence est variable. A contrario, lorsque les composés sont des spinelles à base d'aluminates, la valence d'aluminium ne change pas, Al^{3+} étant particulièrement stable: dans ce cas, un manque d'ions d'oxygène Vo^{2+} reste possible et s'accompagne d'un accroissement respectif des pertes. Si la stœchiométrie d'un oxyde n'est pas scrupuleusement respectée, la composition chimique dans la formule du composé n'est néanmoins pas affectée. Certains oxydes possèdent une non stœchiométrie assez élevée ; la wustite par exemple, de formule générique FeO, a en réalité une formule variant suivant la température de préparation entre FeO, 890 à 1000 °C et FeO, 960 à 600 °C. Cet écart à la stœchiométrie s'explique par un défaut d'ions Fe^{2+} ; pour chaque cation Fe^{2+} manquant, deux cations fer portent la charge 3+. Le composé reste globalement neutre. Une fraction des ions Fe^{3+} de taille inférieure migre dans les sites tétraédriques de la structure. Il en résulte plus de sites vacants octaédriques que ceux déterminés par la composition de l'oxyde. Ce non stœchiométrie résulte d'un défaut métallique compensé par un état plus oxydé de certains cations. En général, la concentration des défauts dans la structure dépend de la température, la pression partielle d'oxygène et de la présence des impuretés (additions). Les défauts s'accentuent aussi dans le cas où l'un des défauts présents peut avoir une valence transitoire (ex : Fe^{3+} - Fe^{2+}) [73,74].

Conclusion

Les kaolins sont des silicates plus au moins hydratés, structuralement constitués par un agencement de tétraèdres de silice et d'octaèdres d'alumine. Ils sont issus de la transformation sous l'influence de processus physiques et chimiques de silicates primaires. La kaolinite qui existe dans les kaolins peut être bien, moyennement ou mal cristallisée. Elle présente peu de substitution cationique. Les minéraux associés sont le quartz, les micas (muscovite), l'halloysite et les feldspaths potassiques, et des impuretés minérales telles que l'oxy-hydroxyde de fer, les oxydes de titane et l'oxyde de manganèse. Lors de la cuisson la structure en feuillets de la kaolinite s'effondre par déshydroxylation pour conduire à la métakaolinite caractérisé par une organisation à très courte distance. Les phases amorphes peuvent faire l'objet d'une réorganisation structurale à plus haute température, analogue à celle observée pour la métakaolinite vers 980 °C comme elle conduit généralement à la formation de mullite au-dessus de 1000 °C. Celle-ci est favorisée par la présence d'ions Fe^{3+} sur la surface des plaquettes. Cette formation débute par un mécanisme de nucléation en volume et se poursuit par une croissance cristalline selon un mécanisme diffusionnel à partir d'un nombre constant de nucléi.

L'objectif visé dans cet ouvrage est l'identification du rôle des impuretés dans le comportement thermique des kaolins. Pour ce faire sept kaolins de différentes origines algérienne (de Tamazert et de Djebel Debbagh) et française (du bassin des charentes) ont été étudiés à l'état naturel et après cuisson. Nous avons suivi le comportement thermique de ces kaolins entre 900 et 1600 °C du point de vue des phases formées, du phénomène de densification, du retrait, des propriétés colorimétriques, mécaniques et diélectriques en tentant de mettre en relation impureté et propriétés obtenues .

Références Bibliographiques

[1] J.M Haussonne, Claude Carry. Paul Bowen, James Barton. " Ceramiques et verres. Principes et techniques d'élaboration". Presse polytechnique et universitaires romandes. (Lausanne). Première édition 2005.

[2] Nathalie Fagel. " Géologie des argiles, chapitre 3, département de géologie, unité argile et paléoclimat(URAP) ". Université de liège Belgique 2005.

[3] M.Eslinger, D.J Peaver. "Clay Minerals for the Petroleum Geologists and Engineers ". SEPM Short Course Notes, v.84(2), p. 464-465. Review written by P.A. Schroeder. 1988.

[4] D.M Moore, R. C Reynolds. "X-Ray Diffraction and the Identification and analysis of Clays Minerals" Oxford Univ. Press, New York, 332p.1989.

[5] A. Michot "Caractéristiques thermo physiques de matériaux à base d'argile évolution avec des traitements thermiques jusqu'à 1400°C ". Thèse de Doctorant. (GEMH).ENSCI Limoges. 2008.

[6] S.Caillere, S.Henin, M.Rautureau. " Minéralogie des argiles, Structure et propriétés physico chimiques"2ème édition, INRA : Actualités scientifiques et agronomiques 8.éd. Masson, 182 p.1982.

[7] N.S Soro " Influence des ions fer sur les transformations thermiques de la kaolinite", Thèse de Doctorat, GEMH), ENSCI Limoges.2003.

[8]G.W Brindley, G.Brown. "Crystal structures of clay minerals and their X-ray identification". Mineralogical Society Monograph n°5, 148.1980.

[9] J.M Cases, P.Cunin, Y.Grillet., C.Poinsognon, J.Yvon.. " Methodes of analysingmorphology of kaolinites : relations between crystalographic and morphological properties "Clay Minerals, Vol.21, pp. 55-68. 1986.

[10] J.Wgruner. "The Cristal Structure of the Kaolinite". Z-cristallo .n° 83 pp 75-88. 1992.

[11]G.WBrindley,G.Brown."Crystal structures of clay minerals and their X-ray identification ".Mineralogical Society Monograph n° 5; pp 323; 1980.

[12] M. Kolli. "Elaboration and characterization of a refractory based on Algerian kaolin", Ceramics international N° 33;pp 1435–1443; 2007.

[13] H.C Helgeson, R.M Garrels, F.T Mackenzie. "Evaluation of irreversible reactions in geochemical processes involving mineral and acqueous solutions: II applications Geochim. Cosmochim". Acta, 33, 455-481 .1969.

[14] Bish D.L., Dreele R.B.V. "Rietveld refinement of non hydrogen atomic positions in kaolinite". Clays and clay minerals. 37, 289-296 .1989.

[15] S.M JOHN, J.A PASK. "Role on impurities of mullite from Kaolinite and Al_2O_3-SiO_2 mixtures, Ceram. Bul. ; vol 61; n° 8; pp 838-842; 1982.

[16] A.M Saleh, A.A. Jhon, "The Cristallinity et Surface Characteristics of Synthetic Ferihydrite and Its Relationship to Kaolinite Surfaces", Clay Min., 19, 745-755 (1984).

[17] E.A.C Folette, "The Retention of Amorphous, Colloïdal 'ferric hydroxide' by Kaolinites", J. Soil Sc., 16, 334-341 (1965).

[18] N.H Aguilera, M.L Jackson," Iron oxide removal from soils and clays". Soil Sci. Proc.,359–364, 1953.

[19] F. Gridi- Bennadji. " Matériaux de mullite à microstructure organisée composés d'assemblages muscovite – kaolinite ". Thèse de doctorat, Université de Limoge. Département Matériaux Céramiques et Traitements de Surface. 2007.

[20] J.F. Pasquet, "Le kaolin, mémento roches et minéraux industriels", BRGM, 1988.

[21] Nora Ouis. "Synthèses et caractérisations physico-chimiques de polymères hybrides". Thèse de Doctorat. Chimie des polymères de l'université Es-senia. Oran., Algerie. 2004.

[22] I.E Grey, A.F Reid. "The structure of pseudorutile and its role in the natural alteration of ilmenite". American Mineralogist 60, 898–906.1975

[23] R.Sladek. New ways in the firing technology for whiteware ceramics (porcelain). Euroceramics, vol 2: pp 510-515. 1989.

[24] J.Sebastia. "Prise en compte de la réactivité de différentes fractions des matières organiques du sol dans la prévision de la spéciation des métaux : cas du cuivre ; thése AgroParisTech (Environnement et agronomie) ; 2007.

[25] D.N Hinchley. "Variability in crystallinity, values among the kaolin deposits of the coastal plain of georgia and south Carolina", Proc- 11th national conference on clays and clay minerals, Ottawa, 229-35 1962.

[26] V.A Drits, C. Tchoubar. "X Ray Diffraction by Disordered Lamellar Structure : Theorie & Application to Microdivised Silicates & Carbon". Spinger - Verlag. Berlin, 1990.

[27] S.G Barlow, D.A.c manning." Influence of time and temperature on reactions and transformations of muscovite mica"; Brit. Ceram. Trans.; vol 98; pp 122-126; 1999.

[28] P..Bormans., "ceramics are more than clay alone". Cambridge international science publishing, 2004.

[29] A.R. Eppler. "Glazes and glass coatings"; The American Ceramic Society. Published 2000.

[30] E.Gamiz, M. Melgosab, M. sanchez, R. Delgadoa. "Relationships between chemico-mineralogical composition and color properties in selected natural and calcined Spanish kaolins"; Applied Clay Science 28 (2005) 269- 282.

[31] K.J.D Makenzie. "Outstanding Problems in the Kaolinite Mullite Reaction Sequence Investigated by ^{29}Si et ^{27}Al Solid State NMR: I Metakaolinite". Journal of American Ceramic Society. Vol 68. pp 293-297. 1985.

[32] J. Rocha, J. Klinowski. "[29]Si and ^{27}Al Magie Angle Spinning NMR Studies of Thermal Transformation of Kaolinite". Physics of Chemistry of Minerals. Vol 17. pp 179-186. 1990.

[33] K.Okada, K. Otsuka, N. Ossaka. "Characterisation of spinel phase formed in the kaolinite-mullite thermal sequence"; J Am Ceram Soc; vol 69; n° 10; pp 251-253; 1986.

[34] G.W Brindley, G.W. Nakahira. "The Kaolinite Mullite Reaction Serie II: Metakaolin"; J Am Cerame - Soc-42 [7] pp 314-318; 1959.

[35] Yung. Fung. Chena, Moo-Chin Wang, Min.Hsiung. Hona. "Phase transformation and growth of mullite in kaolin ceramics". Journal of the European Ceramic Society 24, 2389-239.2004.

[36] E. Rosenthale." Pottery and Ceramics", Penguin Books, Middiesex, U. K., 1949.

[37] E. A. C Follette, "The Retention of Amorphous, Colloïdal 'ferrie hydroxide' by Kaolinites", J. Soil Sc., 16, 334-341,1965.

[38] G Baudet. "Les mécanismes de la défloculation". Industrie Céramique, V(25) p753, 1981.

[39] H.V.Olphen. "An introduction to clay colloïdes chemistry", 2ème édition. A Wiley. Interscience Publication. New York 1977.

[40] G.W. Brindley, S. Udagawa."High-temperature reactions of claymineral mixtures and their ceramic properties: II, reactions of kaolinite-mica-quartz mixtures compared with the K2O-Al$_2$O$_3$-SiO$_2$ equilibriumdiagram". J. Am. Ceram. Soc., 43(10), 511–516. 1960.

[41] A.K. charaborty, D.K. Gosh. "Kaolinite Mullite Reaction. Serie. The Developpement and signification of binary and aluminious silicate phase". J- Am -Ceram Society-74 [6] pp 1401 -1406.1991.

[42] A. Souto, F.Guitian. " Purification of Mullite by Reduction and volatilization of impurities". J-AM Ceram soc, Vol 82, N°10,1999.

[43] R.X Fischer, H. Shneider. " Crystal structure of Cr-mullite", Am. Miner., 85, 1175-1179. 2000.

[44] R.J. angel, C.T. Prewitt, " Crystal structure of mullite : A re-examination of the average structure", Am. Miner., 71,1476-1482 1986.

[45] T. Epicier." Benefits of high resolution electron microscopy for the structural characterization of mullites". Journal of Ameriean Ceramic Society. Vol 76. pp 332-342. 1991.

[46] R.X Fischer, H. Shneider.,D. Voll. "Formation of aluminum Rich 9:1 mullite and it transformation to low alumina mullite upon heating", J. Eur. Ceram. Soc., 16, 109-113.1996.

[47]P.Pialy. "Étude de quelques matériaux argileux du site de Lembo (Cameroun) : minéralogie, comportement au frittage et analyse des propriétés d'élasticité". Groupe d'Étude des Matériaux Hétérogènes ; Université de Limoges; Thèse N°07-2009.

[48] S. Lee. Y.J Kim. H.S Moon. "Phase transformation sequence from kaolinite to mullite investigated by an energy-filtering transmission electron microscope". Journal of the American Ceramic Society, vol. 82, p. 2841-2848. 1999.

[49] K. H Schuller. " Reactions between mullite and glassy phase in porcelains". Transactions and Journal of the British Ceramic Society, vol. 63, p.102-17. 1964

[50] K. H Schuller." Process mineralogy of ceramic materials". Stuttgart : ed by W. Baumgart., F. Aumgart. ENKE, 1984.

[51] K. C. Liu., G.Thomas., A. Caballero., J.S Moya, S. De Aza., "Mullite formation in kaolinite-alpha-alumina". Acta Metallurgica et Materialia, vol. 42, p. 489-495. 1994.

[52] K. H Schuller. "Reaction between mullite and glassy phase in porcelains" Joint meeting of the british ceramic society and the society of glass technology; ed: Cambridge. 1963.

[53] A. Bernache. "Chimie physique du frittage". Ed Hermès. 1993.

[54] I. A Aksay, J. A. Pask. "Stable and Metastable Equilibria in the System SiO_2-Al_2O_3 mixtures". Amer. Ceram. Soc. Vol 58. n° 11. pp 1476-1482. 1975.

[55]A.K. Charaborty, D.K Gosh." Kaolinite Mullite Reaction. Serie. The Developpement and signification of binary and aluminious silicate phase". J- Am -Ceram Society-74 [6] pp 1401-1406 1991.

[56]L. Sujeong, L. Youn Joong Kim, Hi- Soo Moon. "Phase Transformation Sequence from kaolinite to investigated by an Energy-Filtering Transmission Electron Microscope" ; J. Amer Ceram Soc; Vol 82; n° 10; 1999.

[57]M.A. Sainza, FJ Serrano, J.M. Amigo, B, J. Bastida, A. Caballero. "XRD microstructural analysis of mullites obtained from kaolinite±alumina mixtures". Journal of the European Ceramic Society 20, 403-412. 2000.

[58] L. Besraa, D.K. Senguptaa, S.K. Royb, P. Ayc. "Polymer adsorption: its correlation with flocculation and dewatering of kaolin suspension in the presence and absence of surfactants" Int. J. Miner. Process. 66 (2002) 183- 2003.

[59]J. H Schulman, W. D. Compton."Color Centers inSolids". Pergamon Press, New York. 1962.

[60] C. Kittel. " Introduction to Solid State Physics",5[th] ed. JohnWiley and Sons, New York.1976

[61]K. Nassau. "The origins of color in minerals and gems, part- a".Lapidary J , 29,920-8, 1060-70, 1250-8, 1521.1975.

[62]R.T. Jr Liddicoat. "Handbook of Gem ldentification", ll[th]ed. Gemological Institute of America, Los Angeles. 1977.

[63] Commission Internationale de l'Eclairage. " Proceeding of the Eight Session", Cambridge, England, Bureau Central de la CIE. Paris, 1931.

[64] Commission Internationale de l'Eclairage." recommandations on uniform color spaces, color difference and psychometric color terms" suppl. N° 2-15, Colorimetry, CIE 1971. Paris 1978.

[65] V. J. Hurst. Visual estimation of iron in saprolite. Geolo Soc. Am. Bull. 88 pp 174-176. 1977.

[66] V. Boero, U. schwertmann. "Occurence and transformations of iron and manganese in colluvial terra rossa toposequence of northern Italy". Catena, 14 pp 519-531.1979.

[67]R. N. Fernandez, D.G. Schulze, D.L Coffin and G.E. van Scoyoc. "Color, organic matter and pesticide absorption relationships in a soil landscpe". Soil Sci. Soc. Am. J. 52: pp 1023-1026.1988.

[68] J. Lieault, Thèse de doctorat, Ecole des Mines de Saint-Étienne, Saint Étienne, 1999.

[69] C. Menguy, Mesure des caractéristiques des matériaux isolants solides, Techniques de l'ingénieur, D2 310.2005.

[70] R. Fournier, Diélectriques bases théoriques, Techniques de l'ingénieur, D213.1986.

[71] S, Duguey. Thèse de doctorat, Université de Bordeaux I, 2007.

[72]C. Guerret, Effet de la génération, de l'injection, et du piégeage des charges électriques sur les propriétés des isolants. Rapport d'habilitation à diriger des recherches, CNRS, 2005.

[73] K. Surendran, N. Santha, P.Mohanan, M. Sebastian, "Temperature stable low loss ceramic dielectrics in (1-x)ZnAl"Europ. Phys. Journal, B, 41, 301. 2004.

[74] K. Surendran, P. Bijumon, P. Mohanan, M. Sebastian, " Low-loss $Ca_{5-x}Sr_xA_2TiO_{12}$ [A = Nb,Ta] ceramics: Microwave dielectric properties and vibrational spectroscopic analysis" Appl.phys.A,81, 823. 2005.

Chapitre II. Techniques expérimentales

Introduction

Nous présenterons ici les différentes techniques d'analyse et de caractérisation que nous avons utilisées au cours de notre travail. Le propos de ce chapitre est donc de présenter l'ensemble de ces techniques expérimentales utilisées. Le mode de cuisson ainsi que le programme de cuisson sont aussi présentés

II.1. Analyse granulométrique

Nous avons utilisé un granulomètre laser Coulter LS. L'analyse dimensionnelle laser (Figure II.1) est une technique puissante et précise qui repose sur la diffusion d'un rayonnement laser par les particules à analyser au sein d'une suspension maintenue en agitation. L'angle de diffusion varie en fonction de la taille des particules. Une modélisation du spectre de diffusion reçu par le détecteur permet de calculer la contribution de chaque classe granulométrique à la diffusion totale. Le résultat est une courbe granulométrique exprimée en % volumique en fonction de la taille

La préparation des matériaux bruts consiste en une mise en suspension dans de l'eau permutée contenant un défloculant. Il s'agit d'hexamétaphosphate de sodium (HMP) à raison de 2 g/l d'eau. La suspension obtenue est préalablement soumise pendant 60 minutes aux ultrasons pour désagglomération.

Figure II.1. Photos d'un granulometre laser type coulter LS

II.2. Analyse chimique:

Elle a été réalisée par spectrométrie de fluorescence X. Cette technique est basée sur l'analyse du spectre émis par un échantillon excité par une source primaire de rayons X. Ce spectre dit de fluorescence est caractéristique des éléments atomiques qui composent l'échantillon. C'est une technique d'analyse élémentaire non-destructive de l'échantillon. Sa sensibilité peut atteindre le ppm (1 partie par million= 10^{-4} %) [1]. Cette méthode permet la détermination de la composition élémentaire de l'échantillon de manière qualitative et quantitative, La technique [2] d'analyse comprend deux parties :

- Une source d'excitation provoquant l'émission d'un spectre de rayon X caractéristique de la composition de l'objet.
- Un détecteur et un analyseur de rayonnement identifiant et quantifiant les intensités des raies composant le spectre.

Mode de préparations de l'échantillon :

Nous avons utilisé la méthode de la perle au borax avec alourdissant. La fusion élimine les effets granulométrique et minéralogique. L'alourdisseur (La_2O) réduit les effets de matrice pour les éléments légers. Une quantité de 15 à 100 mg de l'échantillon à analyser préalablement calciné est fondue dans du tétraborate de lithium contenant 15 % d'oxyde de Lanthane (alourdisseur). Le verre fondu est coulé dans une coupelle de platine,. Une quarantaine d'étalons naturels servent de référence pour l'analyse. Des éléments majeurs, mineurs et de trace sont analysés quantitativement dans les silicates selon leur teneur à savoir Si, Al, Ca, K, Ti, Fe, Mn, P, Mg, Na, Pb, Cu, Sn, Sb, Rb, et Zr.

II.3. Analyse minéralogique (DRX)

L'analyse minéralogique des argiles a été faite par diffraction de rayons X (DRX). L'identification des phases a été réalisée à l'aide des fichiers ASTM. Cette analyse a été effectuée sur un diffractomètre du type BRUKER D8 destiné à la caractérisation d'échantillons plans polycristallins. Sa configuration est dérivée de celle de Debye-Scherrer. Le diffractomètre est schématisé sur la figure II.2. Le domaine angulaire balayé est compris entre 5 et 120° en 2θ (angle d'incidence). Le temps de pose est de 20 mn. La radiation $K\alpha 1$ du cuivre (de longueur d'onde=1,5406 Å) utilisée a été produite sous une tension de 40 kV et une intensité de 30 mA. La radiation Cu $K\alpha 1$ a été obtenue par filtration à l'aide d'un système optique approprié afin d'éliminer la radiation $K\alpha 2$ avec laquelle elle constitue un doublet, la raie Cu $K\alpha$. Toutes les caractérisations par DRX ont été réalisées sur des poudres non orientées. Ces poudres ont été obtenues par broyage d'échantillons séchés dans un mortier en agate jusqu'à ce que l'ensemble passe au travers d'un tamis d'ouverture Φ=63 µm.

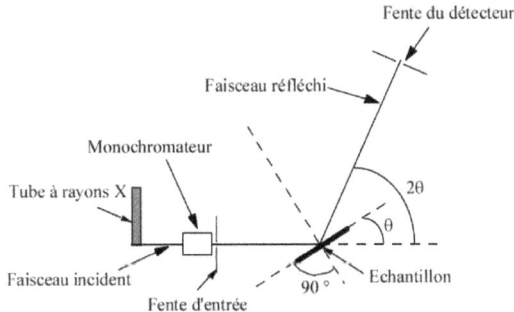

Figure II.2. Schéma de principe du diffractomètre utilisé [3]

La diffraction résulte de la périodicité existant dans un réseau, toute modification à cette périodicité traduit une dispersion qui implique un élargissement des raies sur le diagramme de diffraction X. Des méthodes d'analyse de diffraction des profiles de raies sont employés pour obtenir des informations sur les caractéristiques microstructurales des échantillons. Le paramètre le plus utilisé pour estimer l'élargissement des raies est le FHWM (Largeur à mi-hauteur de l'intensité maximum). Les paramètres de taille et de contrainte correspondant à la diffraction d'un échantillon peuvent être déterminés simultanément en employant une méthode d'analyse des profiles de plusieurs raies.

L'interprétation de la forme du profile des raies élargies est primordiale dans l'analyse structurale, leurs effets sont nombreux à savoir la distribution des tailles des cristallites inhomogènes dans la composition du matériau, l'anisotropie, la taille des domaines cohérents de diffraction, les distorsions locales du réseau, les fautes d'empilement…etc. Le profile de raie de diffraction est défini par son paramètre de forme (Gaussienne, Laurentzienne…), Le FHWM, sa largeur intégrale β, ses coefficients de fourrier. Les réflexions 110, 001et 220 de la mullite sont choisies dans l'analyse de raies pour évaluer l'aire des raies (unités arbitraires), le FHWM, la taille des cristallites (en utilisant la formule de Scherrer) et le volume de la mullite existant dans nos différents échantillons pendant le traitement thermique (1100 et 1600 °C). Les conditions expérimentales sont comme suit : largeur de pas de 0,020 °2θ et le temps de mesure de 2 s par pas.

L'élément de référence dans l'analyse des profiles est le domaine cohérent de diffraction donné par la formule de Scherrer :

$$\beta = \frac{K * \lambda}{(L - a) * \cos\theta}$$

β_{hkl} est la taille moyenne des cristallites ou domaines cohérents, dans la direction perpendiculaire aux plans (hkl). L_{hkl} correspond au FWHM (largeur à mi-hauteur) du pic hkl considéré, exprimée en radians. « a » est la taille des cristallites d'un minéral idéalement bien cristallisé. L'utilisation de (L-a) plutôt que L seul permet de s'affranchir des conditions opératoires (réglage des fentes du goniomètre). Nous avons pris une muscovite en cristaux millimétriques comme référence, avec une largeur de raie $FWHM_{001}$ de $0.112°2θ$ soit $9,825.10^{-4}$ rd ; K est pris égal à 1, λ est la longueur d'onde du rayonnement monochromatique, soit 1,5406 Å (Cu Kα).

II.4. Analyse thermogravimétrique et différentielle

Les analyses thermiques mesurent le comportement de l'échantillon à tester au cours d'une montée en température imposée. L'analyse thermique différentielle (ATD) mesure la différence de température entre l'échantillon et une référence. Si l'échantillon est plus froid que la référence c'est qu'il est le siège d'un phénomène endothermique tel qu'une décomposition. Inversement si l'échantillon est plus chaud, il s'agit d'un phénomène exothermique, par exemple une recristallisation.

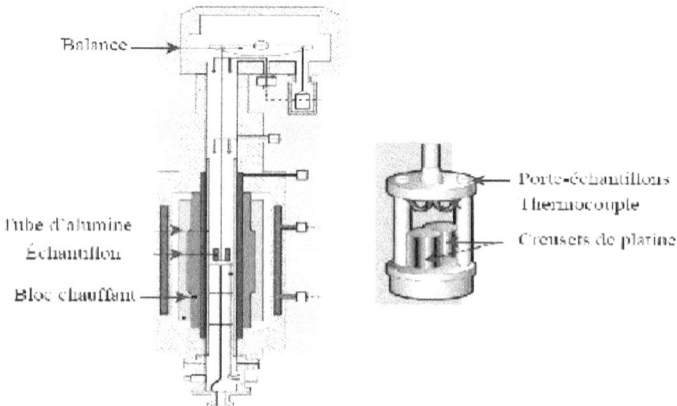

Figure II.3. Dispositifs ATD-ATG couplés [4].

L'analyse thermogravimétrique (ATG) mesure une différence de masse entre l'échantillon et la référence. La perte de masse peut être due à un départ d'eau, ou tout autre composé volatil à la température considérée, ou à une combustion. Les mesures d'analyses thermiques différentielles et gravimétriques ont été faites à l'aide d'un dispositif ATD-ATG couplé de type SETARAM TGDTA92 (Figure II.3) qui peut atteindre 1500°C. Dans le cadre de cette étude, des creusets en alumine ont été utilisés pour les différentes expérimentations. Les mesures ont été réalisées avec des masses d'échantillons de 15 mg dans des creusets d'alumine. La vitesse de chauffe a été de 10°C/min, entre la température ambiante et 1100°C.

II.5. Analyse de dilatomètrie optique

Le dispositif utilisé pour l'analyse dilatométrique est un dilatomètre optique Misura 3.32. Le principe de la mesure consiste à suivre les variations de dimensions d'un échantillon placé dans un four tubulaire à l'aide de deux caméras de haute résolution (Figure II.4). Cet ensemble est relié à un ordinateur équipé d'un logiciel pour l'acquisition et le traitement des données. La caméra fixe sert à visualiser le haut de l'échantillon tandis que l'autre, de hauteur modulable permet de visualiser la base de l'échantillon. Ce type de mesure quantifie la variation de la hauteur de l'échantillon par rapport à la hauteur initiale. Il faut noter qu'avec ce dispositif, c'est le frittage libre (sans contrainte) qui est étudié.

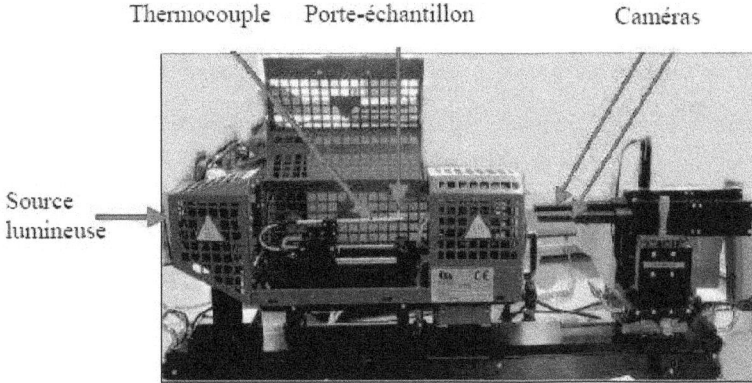

Figure II.4. Dilatomètre optique Misura 3.32.

Les échantillons se présentent sous forme de plaquettes rectangulaires pressées sous 3,5 t de 100 μm d'épaisseur, coupées de manière à ce que toutes les faces soient parallèles. Elles sont placées verticalement à l'aide d'un dispositif spécifique, au centre d'un four tubulaire. L'échantillon est éclairé par une source lumineuse placée à l'arrière du four et renvoie son ombre sur la caméra. Des images de l'échantillon sont enregistrées tout au long de la montée en température simultanément à la température par un thermocouple placé au contact de l'échantillon. La vitesse de montée en température a été de 10°/mn entre la température ambiante et 1300 °C.

Parallèlement à ces mesures en continu, de simples mesures dimensionnelles de nos échantillons au pied à coulisse ont été réalisées avant et après cuisson aux températures retenues pour l'étude

II.6. Mesure de la masse volumique absolue

Les mesures ont été faites à l'aide d'un pycnomètre à hélium automatique de type Micromeritics Accupyc 1330. Le principe de la mesure est d'injecter un gaz à une pression P1 donnée dans une enceinte de référence, puis à détendre ce gaz dans l'enceinte de mesure contenant l'échantillon en mesurant la nouvelle pression du gaz P2 dans cette enceinte. Elle repose sur la loi de Mariotte :

$$V ech - Vcel - \frac{V \exp}{P1/P2 - 1}$$

$$(1)$$

Le volume de la cellule, Vcel, et le volume d'expansion, Vexp, sont des constantes données par le constructeur. La détermination du volume de l'échantillon, Vech, permet d'estimer sa masse volumique. Cette technique est utilisée aussi bien pour les poudres que pour les échantillons massifs.

II.7. Observations microscopiques à balayage (M.E.B) couplées à l'EDS :

Les matériaux initiaux et après cuisson ont été observés avec un microscope FEI quanta 200 FEG, équipé d'un spectromètre X à dispersion d'énergie (EDS) OXFORD Link Isis. Le principe de la microscopie électronique à balayage est basé sur l'interaction forte entre l'objet et un faisceau d'électrons finement focalisé. Les électrons secondaires et rétro diffusés émis par l'échantillon permettent de reconstituer l'image de l'objet. Les rayons X issus de ces mêmes interactions analysés par un spectromètre EDS permet d'obtenir des informations chimiques en tous points de l'objet observé. Les tensions de travail sont généralement comprises entre 10 et 30 kV, ce qui permet d'avoir un grossissement pouvant aller jusqu'à X 30 000.

L'argile en poudre est dispersée dans de l'acétone. Une goutte de cette suspension est déposée sur un porte échantillon pour séchage. Dans le cas des chamottes et des céramiques un fragment de l'objet, soigneusement dépoussiéré est fixé sur le porte-échantillon. L'ensemble est métallisé par une couche de graphite pour le rendre conducteur avant l'observation.

II.8. Analyse par spectroscopie infrarouge à transformée de fourier (FTIR)

La Spectroscopie Infrarouge à Transformée de Fourier (ou FTIR : Fourier Transformed Infra Red spectroscopy) est basée sur l'absorption d'un rayonnement infrarouge par le matériau analysé. Elle permet via la détection des vibrations caractéristiques des liaisons chimiques, d'effectuer l'analyse des fonctions chimiques présentes dans le matériau. La figure II. 5 décrit le schéma d'un spectromètre à transformée de Fourier.

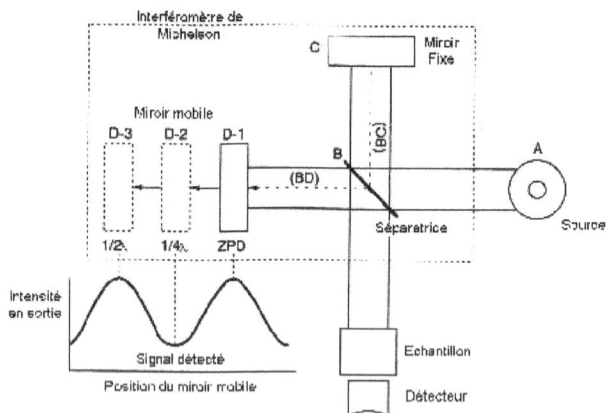

Figure II.5. Schéma d'un spectromètre à transformée de Fourier

Le domaine infrarouge entre 4000 cm^{-1} et 400 cm^{-1} correspond au domaine d'énergie de vibration des molécules. Lorsque la longueur d'onde (l'énergie) apportée par le faisceau infrarouge est voisine de l'énergie de vibration de la molécule, cette dernière va absorber le rayonnement et on enregistrera une diminution de l'intensité réfléchie ou transmise. Par conséquent à un matériau de composition chimique et de structure donnée va correspondre un ensemble de bandes d'absorption caractéristiques permettant d'identifier le matériau.

La préparation de l'échantillon consiste à mélanger la poudre (1 %) préalablement séchée avec (99 %) de KBr et de former avec ce mélange une pastille de 10 mm de diamètre. L'appareil utilisé est un spéctrophotometre de type SCHIMADZU 8400.

II.9. Détermination du module d'Young par échographie ultrasonore :

L'échographie ultrasonore (Figure II.6)) en température est une technique particulièrement bien adaptée à l'étude de l'évolution du module d'Young d'un échantillon céramique [5]. Les ultrasons sont des ondes acoustiques ou élastiques dont la fréquence est supérieure à celle des sons audibles par l'oreille humaine. Varient entre 0,5 à 12 MHz.

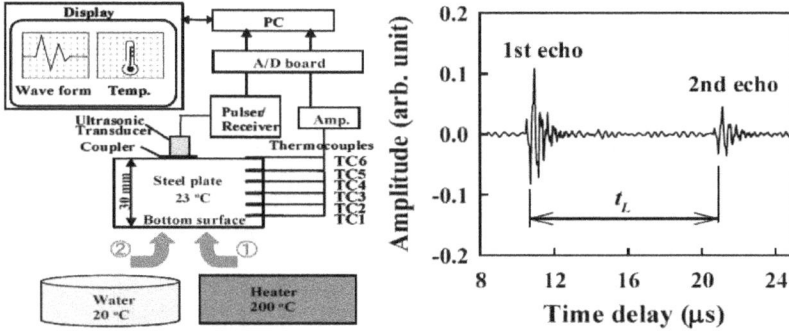

Figure II.6. Schéma descriptif du sondage ultrasonore et mesure du temps entre deux échos [6]

Pour mesurer le module d'Young, un signal électrique est transformé en onde de déformation par un transducteur piézoélectrique. Cette onde ultrasonore se propage dans l'échantillon puis se réfléchit et refait le chemin inverse. La propagation des ultrasons entre le transducteur et l'échantillon est assurée par deux guides d'ondes formés de matériaux présentant une faible atténuation ultrasonore pour la fréquence utilisée (f = 660 Hz). On mesure le temps t entre deux échos successifs sur l'oscilloscope et on en déduit la vitesse des ondes ultrasonores :

$$V = 2e/t \qquad (2)$$

On utilisation des transducteurs qui génèrent des ondes longitudinales V_L puis transversales V_T qui permettent de remonter aux caractéristiques du matériau à tester par les deux vitesses associées V_L et V_T telles que

$$V_L = \left(\frac{E}{\rho} \cdot \frac{(1-\upsilon)}{(1-\upsilon)(1+\upsilon)} \right)^{1/2} \qquad (3)$$

$$V_L = \left(\frac{G}{\rho} \right)^{1/2} \qquad (4)$$

D'après ces deux relations on peut tirer le module d'élasticité E et le coefficient de poisson v qui sont donnés par les relations suivantes :

$$\nu = V_L^2 \cdot 2\, V_T^2 / 2 V_L^2 \cdot 2\, V_T^2 \qquad (5)$$

$$E = 2 \cdot \rho \cdot V_T^2 \cdot (1+\nu) \qquad (6)$$

E : module d'élasticité

N : coefficient de Poisson

G : Module de cisaillement

t : Temps entre deux échos successifs

e : Epaisseur de l'échantillon

ρ : masse volumique absolue de l'échantillon.

II.10. Détermination de la contrainte de rupture à la flexion par la méthode de flexion biaxiale:

La flexion biaxiale [7] de disques permet de déterminer la contrainte à la rupture d'éprouvettes de matériau. Cette méthode est intéressante pour les matériaux céramiques en raison de la relative facilité de fabrication d'éprouvettes cylindriques. Les résultats sont généralement peu dispersés et avec 5 échantillons, une valeur significative de la contrainte à la rupture σ_r peut être obtenue. Cependant, il est difficile d'évaluer le volume sous tension de l'échantillon pour un niveau de contrainte donné. Néanmoins, la flexion biaxiale donne des résultats plus fiables que ceux obtenus par flexion uniaxiale, étant donné que les contraintes maximales de traction se produisent dans la zone de chargement central et que les risques de rupture aux coins sont éliminés.

II.10.1. Principe

Dans le cas de cette étude, la flexion biaxiale de disques est utilisée en configuration piston/anneau. La charge P est donc appliquée avec un piston sur une éprouvette reposant surun anneau et elle est supposée uniformément répartie. D'après Wilshaw [8], la valeur de la contrainte maximale (σ_{max}) est déterminée à l'aide de l'équation II.5. Cette méthode a été adoptée par la Société Américaine des tests et des matériaux comme un test standard (ASTM Standard F394) dans laquelle P est la force à la rupture, υ le coefficient de Poisson, e l'épaisseur de l'échantillon, A le diamètre de l'anneau, B le diamètre du piston supérieur et C le diamètre de l'échantillon.

$$\sigma_{max} = \frac{3.P.(1+\nu)}{4.\pi.e^2}\left\{1+2\ln\left(\frac{A}{B}\right)+\frac{(1-\nu)}{(1+\nu)}\left(1-\frac{B^2}{2A^2}\right)\frac{A^2}{C^2}\right\}$$

(7)

II.10.2. Méthodes expérimentales

Pour mesurer la contrainte à la rupture, des éprouvettes ont été préparées sous forme de disques de diamètre 30 mm, et des essais de flexion biaxiale ont été effectués à l'aide d'un montage (configuration piston sur anneau) installé sur une machine d'essais mécaniques universelle (Loyd) (Figure II.7). Les disques sont préalablement polis afin d'assurer leur bonne planéité et une épaisseur régulière. Le logiciel utilisé pour calculer la force de rupture est NEXYGEN paramétré en mode compression à la rupture.

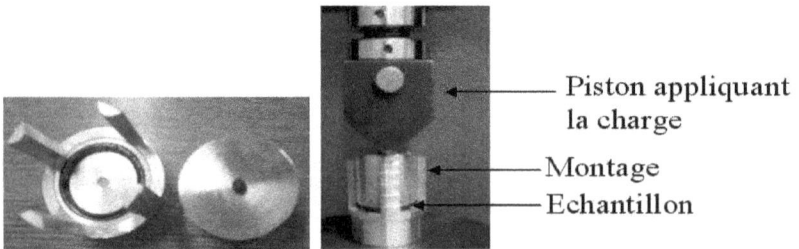

Figure II.7. Montage de flexion biaxiale

II.11. Analyse de la permittivité

Les permittivités diélectriques des kaolins cuits entre 1100°C et 1300°C et des porcelaines ont été déterminées à l'aide de l'Analyseur d'impédance complexe HP4291A Hewlett Packard (Figure II.8) dans la gamme de fréquence 1Mhz- 1Ghz, pour les pastilles de diamètres 10 mm et à l'aide de l'analyseur d'impédance du type 1260 Impédance/Gain-Phase pour les basses fréquences (100KHz) pour les échantillons de diamètre 30 mm.

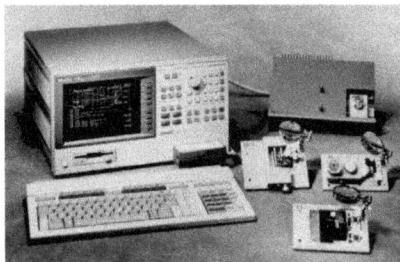

Figure II.8. Analyseur d'impédance complexe HP4291A Hewlett Packard (1MHz-1GHz)

II.12. Analyse de la couleur par spectro-colorimétrie :

II.12.1. Définition de la couleur :

La couleur d'un objet résulte de l'interaction de la lumière avec cet objet. La lumière est composée de rayonnements électromagnétiques dans une gamme relativement étroite de longueur d'onde sensiblement comprise entre 380 et 780 nm. La lumière blanche naturelle est composée de l'ensemble du spectre comme on le voit sur la figure II.9. S'il manque une ou plusieurs bandes de longueur d'onde, l'œil interprète les longueurs d'onde restant en termes de couleur (teinte). Lorsque la lumière pénètre dans un objet, plusieurs cas de figure peuvent se présenter :

- la lumière est totalement absorbée, et l'objet est noir
- La lumière est partiellement absorbée. Les longueurs d'onde non absorbées donnent la couleur de l'objet
- La lumière n'est pas absorbée et l'objet est transparent

380   780   λ (nm)

Figure II.9. Domaine du visible

La couleur d'un objet est parfaitement et totalement définie par son spectre de réflectance, courbe représentant les intensités réfléchies par l'objet éclairé par une source donnée pour toutes les longueurs d'onde du domaine visible. (Cependant ces spectres de réflectance sont difficiles de manipulation).

II.12.2. Les attributs de la couleur

La couleur d'un objet est déterminée suivant trois critères ou attributs que sont la teinte (hue), la clarté ou luminosité (value) et la saturation (chroma). Nous pouvons ainsi définir les propriétés d'une couleur, teinte, luminosité et saturation qui seront utile dans le cadre d'une mesure colorimétrique. La teinte est liée à la longueur d'onde réelle sur le spectre visible, et définit donc le nom de la couleur de l'objet. Nous utilisons cette notion de teinte pour exprimer en colorimétrie le nom de la couleur qui est employé quotidiennement par chacun d'entre nous. L'ensemble de ces teintes peut être représenté sur une cercle, appelée cercle des couleurs.

La luminosité, pour chacune de ces teintes, peut varier du sombre au clair. Elle est déterminée par un pourcentage de lumière réfléchie par l'objet coloré. Nous verrons que certaines couleurs sont par nature plus sombres que d'autres (par exemple, le rouge est plus sombre que le vert, qui est la couleur pour laquelle l'oeil est le plus sensible). La mesure de ce paramètre peut être effectuée indépendamment de la teinte de l'objet coloré. La saturation fait intervenir la notion de pureté d'une couleur. Une couleur ayant une teinte précise sera désaturée si celle-ci est associée à un gris possédant une luminosité identique. Cette notion de saturation est indépendante des deux précédentes.

II.12.3. Perception et mesure de la couleur

Tout se passe comme si l'œil percevait la lumière à travers trois filtres centrés sur le rouge, le vert et le bleu. Les caractéristiques de ces filtres ont été déterminées par la Commission Internationale de l'Eclairage (CIE) à partir d'une expérimentation qui a permis de définir un « observateur standard ». La combinaison de ces trois couleurs permet d'obtenir la totalité des couleurs « de l'arc en ciel ». On appelle tristimulus les composantes X, Y et Z correspondant à ces trois filtres.

A partir de ces valeurs il est possible de définir divers espaces colorimétriques plus faciles d'emploi que les données brutes d'un spectrocolorimètre.

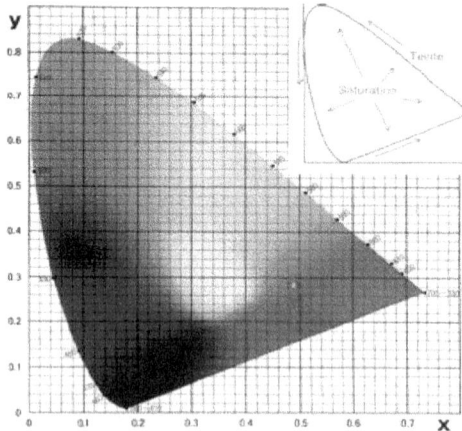

Schéma II.10. Représentation de l'espace colorimétrique CIE Yxy 1931 [9]

En 1931 la CIE propose un espace de représentation des couleurs Yxy (Figure II.10) qui permet de représenter l'ensemble des couleurs en deux dimensions. x et y sont définis à partir des données X Y et Z.

Un des principaux problèmes de l'espace couleur Yxy est que les différences de couleur observables sur le graphique ne correspondaient pas aux écarts de couleur perçus par l'œil.

En 1976, la C.I.E. a mis en place un espace couleur appelé CIE L*a*b*, qui est actuellement très utilisé pour la mesure des couleurs.

L'espace CIE L*a*b* intègre les trois attributs de la couleur dans ses formulations. Les coordonnées de chromaticité a* et b* représentent des axes de couleurs. La coordonnée a* définit l'axe rouge/vert (+a* et -a*), et b* représente l'axe jaune/bleu (+b* et -b*). La saturation augmente au fur et à mesure que l'on s'éloigne du centre du diagramme. Cet espace couleur est donc tridimensionnel et uniforme (dit pseudo-uniforme) [10].

Les valeurs L*a*b* sont calculées à partir de leurs tristimulus $X_n Y_n Z_n$.

$$L^* = 116(Y/Yn)^{1/3} - 16 \tag{8}$$

$$a^* = 500[(X/Xn)^{1/3} - (Y/Yn)^{1/3}] \tag{9}$$

$$b^* = 200[(Y/Yn)^{1/3} - (Z/Zn)^{1/3}] \tag{10}$$

II.12.4. Instrumentation et methodes de mesure :

L'instrument utilisé pour la quantification des paramètres de couleur L*a*b* de nos différents échantillons, kaolins crus et cuits (pastilles) à différentes températures (900 °C- 1600 °C) est un spectrocolorimètre de type Konica minolta CM-700d / 600d. D65 (Figure II.11). Le spectrocolorimetre mesure le facteur de réflexion diffuse spectral (ou de transmission) de l'échantillon, Une source (lumière du jour) éclaire l'échantillon coloré qui absorbe une part des rayonnements et en réfléchit une autre. La partie réfléchie est analysée par un spectrographe. La géométrie du spectrophotomètre (éclairement/observation) est en général conforme à la recommandation CIE n°15 (norme ISO 7724) définissant la géométrie de type d/10° éclairement (ou observation) diffus(e) (dans toutes les directions) et observation (ou éclairement) de l'échantillon réalisée avec un angle de 10°.

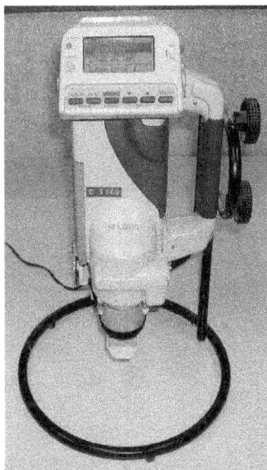

Figure II.11. Spectrocolorimétre pour mesure de la couleur dans le système L*a*b*

La source d'éclairage de l'appareil fournit un spectre correspondant à celui de la lumière du jour (naturelle), il est étalonné par rapport à la couleur blanche de référence (BaSO$_4$). On détermine ainsi le facteur de réflexion R (λ) et les paramètres de couleurs des échantillons.

II.13. Conditions de cuisson

Préparation des échantillons de poudre de kaolin

Les matières premières (Kaolins, sable et feldspaths) utilisées dans cette étude sont séchées pendant 24 heures à 100 °C dans une étuve de type Memmert. Elles sont alors tamisées à 63 µm dans un tamis de norme AFNOR. On a récupéré toute la fraction inferieure à 63 µm.

Pour les kaolins

Les kaolins sont mis sous forme de pastille de diamètre de 30 mm puis cuites à différentes températures (900-1600 °C). La monté de la température est de 10 °C par minute, le palier est d'une heure. Le refroidissement se fait selon l'inertie du four. Les pastilles sont obtenues sous pression uniaxiale de 60 MPa, maintenus pendant une dizaine de minute. Les analyses minéralogiques des kaolins naturels (non frittés) sont obtenues sur des poudres, alors que ceux des kaolins frittés sont obtenus sur des pastilles.

Pour les porcelaines

Les proportions des matières pour l'élaboration des porcelaines sont de 50 % de kaolin, 30 % de feldspaths et 20 % de sable. Les matières premières sont mélangées puis broyées pendant 20 minutes avec ajout de 30 % d'eau pour former une barbotine. La barbotine formée est alors séchée dans une étuve à 100 °C pendant 24 heures, puis broyée et tamisée. La fraction inferieure à 63 µm est alors prise puis pressée à une pression de 60 MPa pour former des pastilles de différents diamètres (30 mm et 10 mm) et d'épaisseur allant de 1 à 3 mm. Deux types de porcelaines ont été élaborés ; le premier type à base de kaolin TKT (des charentes) naturellement riche en anatase est une porcelaine commune, le second type est une porcelaine chamottée obtenue avec ajout de 10 % d'anatase à un kaolin TKT chamotté puis rajoutée aux autres matières premières. La température de chamottage du kaolin de base (TKT) utilisé pour l'élaboration de porcelaine chamottée est de 1300 °C pendant 30 mn avec une montée en température de 10°/mn. La cuisson des porcelaines élaborées est faite à 1300°C pendant 1 heure.

Conclusion

Ce chapitre nous a permis de présenter l'essentiel des méthodes et techniques d'analyse utilisées dans cette thèse, en effet ces méthodes concernent les caractérisations chimique, structurale, microstructurale, thermique mécanique et colorimétrique. Le mode de cuisson et de préparation des échantillons de kaolin pour réaliser sont aussi présentés.

Ces kaolins ont subi (au laboratoire) une préparation mécanique pour obtenir l'ensemble à une fraction < 63 µm choisie comme étant la fraction de départ pour les différentes étapes de caractérisation et d'élaboration des matériaux céramiques. Ce choix est fait par rapport aux paramètres fixés dans l'industrie céramique en général.

Références bibliographiques :

[1] C.A Jouenne. "Traité de ceramiques et matériaux minéraux", Edition Septima. Paris, 1984.

[2] R. Tertian. F. Claisse "Principles of Quantitative X-Ray Fluorescence Analysis", By Heyden.London, Philadelphie. 1982.

[3] R.Jenkins, R. L. Snyder. «Introduction to X-ray powder diffractometry". New York : John Wiley & Sons, 1996, vol. 138, 403 p.

[4] R. Bouaziz, A.P Rollet. " L'analyse thermique : l'examen des processus chimiques". Paris Gauthier-Villars, , tome 2, 227 p. 1972.

[5] S.Suasmoro, D.S Smith, M. Lejeune,M. Huger, C. Gault. "High temperature ultrasonic characterization of intrinsic and microstructural changes in ceramic $YBa_2Cu_3O_7$". Journal of Materials Research, vol. 7, p. 1629-1635. 1992.

[6] Ikuo.Ihara.Manabu.Takahashi,. "A novel ultrasonic thermometry for monitoring temperature profiles in materials" XIX IMEKO World Congress Fundamental and Applied Metrology. Lisbon. p. 1519-1523. 2009.

[7] S. Deniel. " Elaboration et caractérisation de céramiques texturées de mullite à partir des phylosillicates ". Thèse de doctorat, Université de Limoges. Département Matériaux Céramiques et Traitements de Surface. 2010.

[8] O. Masson, R. Guinebreière, A. Dauger. "Reflexion asymmetric powder diffraction with flat plat sample using a curved position sensitive detector". Journal of Applied Crystallography, vol. 29, p. 520-546. 1996.

[9] D. Dupont, D. Steen. " Mesure des couleurs de surface", Technique de l'ingenieur. R 6 442. P 1-13. 2004.

[10] Commission Internationale de l'Eclairage." recommandations on uniform color spaces, color difference and psychometric color terms" suppl. N° 2-15, Colorimetry, CIE 1971. Paris.1978.

Chapitre III. Caractérisation physico-chimiques des kaolins

Introduction

Notre travail porte sur l'étude et la caractérisation physico-chimique de sept kaolins qui sont d'origine algérienne (KT2, KT3, DD2 et DD3) et d'origine française (TKT, TKG et TKMO). Les premiers sont des produits marchands de Tamazert et de Djebel Debbagh, les seconds sont des produits bruts de la région des Charentes. Ces kaolins se différencient par leurs compositions minéralogiques, chimiques et leurs distributions granulométriques.

Le choix de ces kaolins est lié aux impuretés minérales diversifiées qu'ils referment à savoir, les micas, le quartz, les feldspaths et la goethite dans les kaolins de Tamazert ; l'halloysite, les matières organiques, la todorokite dans le kaolin de Djebel Debbagh (Guelma) ; la gibbsite, la pyrite, la goethite, l'anatase, le rutile, et les matières organiques dans les kaolins des charentes.

III.1. Géologie et situation géographique des différents kaolins

Les gisements de kaolins algériens (s'ils sont exploités depuis longtemps) ont été peu étudiés du point de vue géologique [1].

La figure III.1 montre la localisation des gisements algériens.

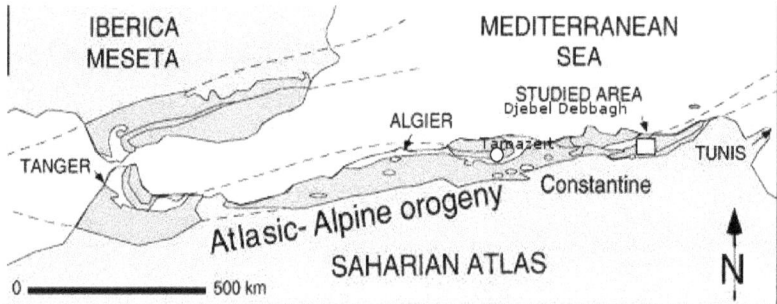

Figure III.1. Situation géographique du gisement de Tamazert(○) et de Djebel Debbagh(□). [2].

III.1.1. Kaolins de Tamazert (KT)

Le gisement de Tamazert [1] est situé au Nord-Est de l'Algérie dans la daira d'El Milia (wilaya de Jijel). Dans le secteur existe un socle métamorphique affecté par diverses manifestations tectoniques. Les roches encaissant le gîte de Tamazert sont composées essentiellement de gneiss, de micaschistes et, accessoirement, de granites plus ou moins gneissifiés.

Le kaolin de Tamazert est un gisement primaire où la kaolinite représente le résultat direct de l'altération sans transport ultérieur. En témoigne la présence de quartz abondant, de muscovite et de reliques de feldspaths. La zone kaolinisée correspond à l'altération de gneiss feldspathiques intercalés par de schistes micacés. Deux principaux faciès constituent la zone kaolinisée et sont caractérisés par leurs taux de minéraux argileux. Ce sont : le kaolin sableux plus riche en kaolin, sous forme de couche superficielle d'épaisseur de 30 mètres en moyenne et le gneiss kaolinique situé en profondeur. Ces deux faciès sont traversés par des passées ferrugineuses situés le long des failles et des fissures.

L'existence dans le kaolin d'autres éléments, sous forme d'oxydes et de carbonates coïncide avec l'hypothèse de formation par un processus d'altération hydrothermale ou météorique.

III.1.2. Djebel Debbagh (DD)

Le gisement de kaolinite de Djebel Debbagh se situe au NE de l'Algérie. Il consiste en un remplissage de cavités karstiques par des argiles à dominante kaoliniques contenant de l'halloysite.

La région de Djebel Debbagh est une unité tertiaire formant un anticlinal au sommet duquel se trouvent de nombreux karsts contenant des argiles. La formation des karsts et leur comblement par des argiles sont respectivement datés du paléocène et de l'éocène continental qui a suivi les mouvements orogéniques alpins (Figure III.2). Les argiles proviendraient de dépôts argileux détritiques sénoniens (début Eocène) proches. Il n'y a pas de structure sédimentaire visible dans le dépôt. Ces kaolins contiennent localement des oxydes de fer et de manganèse qui le colorent en gris ou noir. La transformation en halloysite est locale et n'affecte pas toutes les poches karstiques. L'étude de Renac et al (2009) montre que la transformation kaolinite-halloysite s'est faite à basse température, par des apports d'eaux météoriques riches en embruns. Il s'agit donc d'un kaolin secondaire altéré.

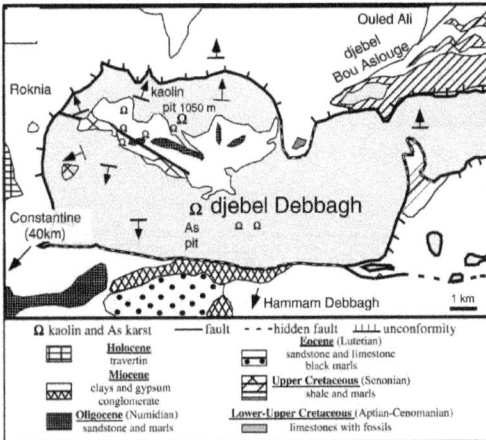

Figure III.2. Position du gisement dans l'anticlinal. [In renac et al (2009)].

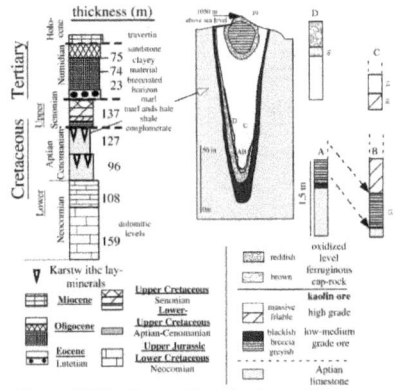

Figure III.3. Coupe d'un des karst (Sonarem, 1978) du gisement de Djebel Debbagh riche en halloysite. [In renac et al (2009)].

III.1.3. Kaolins des charentes (TK)

Le bassin des Charentes est situé à l'ouest de massif central français, au nord de la région Aquitaine, au NE de Bordeaux

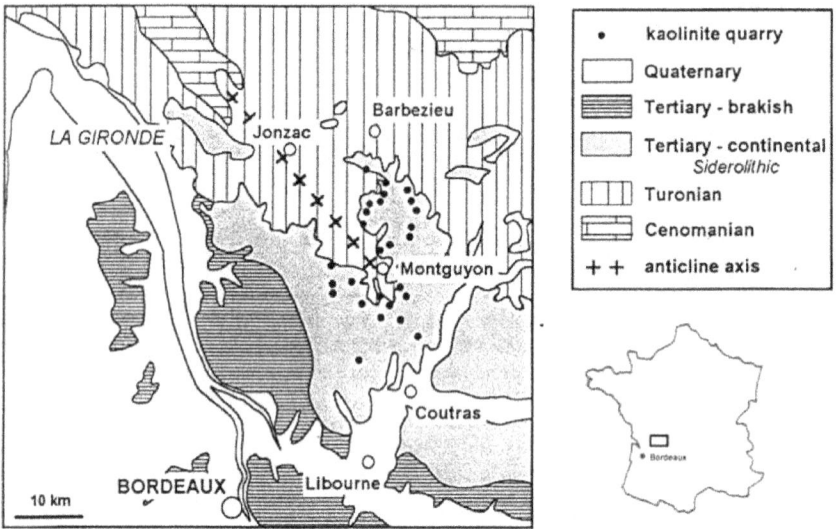

Figure III.4. Carte géologique du bassin des Charentes d'après Koneshloo et al. [3]

Le gisement consiste en une succession de bassins reposant sur des dépôts deltaïques reposant eux-mêmes sur un socle calcaire du secondaire.

Il s'agit à l'origine de kaolins provenant de l'altération sur place, en climat chaud et humide, des granites du massif central, avec lessivage systématique des ions libérés. Ces gisements primaires ont été eux-mêmes démantelés et les kaolins ont été transportés par des fleuves ou des torrents puis déposés dans une plaine littorale sous forme de lentilles à la faveur de dépressions topographiques (lacs, marécages, zone d'affaissement ou de soutirage karstique).

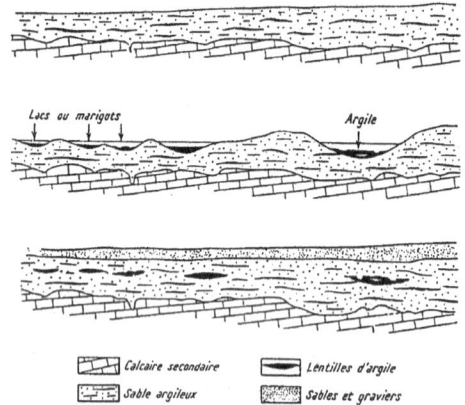

Figure III.5. Schéma montrant les différents stades de la formation des lentilles d'argiles kaoliniques des Charentes (d'après Dubreuilh).

Les ruisseaux qui alimentent ces dépressions se libèrent des sables et graviers qui sédimentent dès que l'énergie du milieu de transport chute (à l'entrée de la cuvette), tandis que l'argile sédimente lentement au cœur de la lentille. Certaines couches contiennent des accumulations ligniteuses en raison de la végétation des marécages

Après le dépôt la poursuite de l'altération conduit à la formation de gibbsite. Ceci exige la présence de matières organiques. Ces deux éléments, alumine excédentaire et matières organiques, sont donc caractéristiques de ce gisement

Les kaolins algériens de Tamazert KT2 et KT3 sont des produits marchands traités par hydrocylonnage et lavage, utilisés dans l'industrie des céramiques, des peintures et pour couchage de papier selon leurs teneurs en fer. Les kaolins de Djebel Debbagh DD2 et DD3 sont des kaolins bruts destinés à l'industrie céramique dans le domaine des réfractaires (DD3) et de la porcelaine (DD2).

Les kaolins français sont des tout venants. Leurs principales impuretés sont le titane (TKT), les matières organiques (TKMO), la gibbsite (TKG). Plusieurs méthodes d'investigations ont été utilisées pour la caractérisation des ces kaolins à savoir : l'analyse granulométrique laser par Coulter, l'analyse minéralogique par la diffraction des rayons X, la quantification des phases minéralogiques par un calcul en prenant en compte la composition chimique et les stœchiométries des phases minéralogiques existantes, la microscopie électronique à balayage (MEB), l'analyse thermique gravimétrique et différentielle (ATG/ATD) etc...

III.2. Analyse dimensionnelle

Les courbes de distributions granulométriques des différents kaolins sont représentées dans la figure III.6 où sont réunis les différents graphes correspondants.

Il est plus facile de comparer les granulométries à partir des "quartiles" D_{10}, D_{50} et D_{90} qui sont les tailles des particules (en µm) découpant la courbe cumulative aux ordonnées 10, 50 et 90 (% passant ou % inférieur à). Un D_{60} de 5 µm signifie que 60 % des particules ont un diamètre inférieur à 5 µm.

Tableau III.1. Résultats de l'analyse granulométrique par Coulter donnant le nombre de populations et leurs diamètres correspondants.

Kaolins	KT2	KT3	TKMO	TKT	TKG	DD3	DD2
Nombre de population	5	2	2	3	2	3	2
D10 (µm)	10,40	10,03	2,10	6,07	3,04	22,95	7,64
D50 (µm)	3,25	3,23	0,74	1,11	0,90	5,04	1,81
D90 (µm)	0,80	0,80	0,47	0,53	0,50	0,82	0,59

La majorité des kaolins sont composés d'au moins 2 populations (distribution bimodale) dont une inférieure à 2 µm.

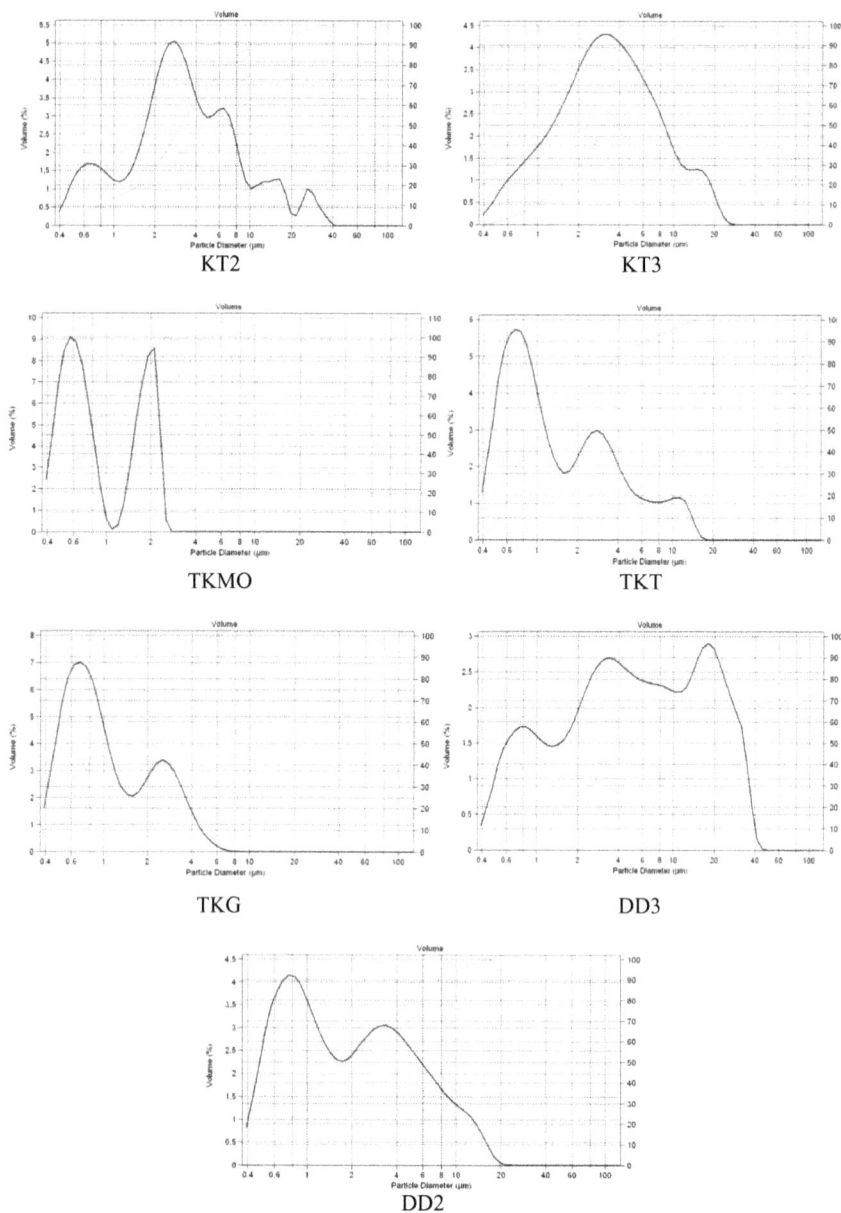

Figure III.6. Distribution granulométrique des différents kaolins (% volumique)

Le kaolin KT2 est composé de 4 populations dont le D_{90} correspond aux particules de 0,80 µm. A l'inverse, KT3 qui est issus du traitement de KT2 (lavage, hydrocyclonage) est composé de 2 populations seulement, son D_{90} correspond aux particules de diamètre de 0,80 µm. Le traitement de KT3 a permis de faire « disparaître » deux populations constituées d'agglomérats de particules plus fines. La population la plus grossière dans KT3 correspond au quartz et au feldspath. Les kaolins TKMO TKT et TKG se ressemblent par leurs D_{90} qui ne dépassent pas les 0,5 µm néanmoins le kaolin TKT est trimodal avec une population à 8 µm alors que TKMO et TKG sont bimodaux. Par ailleurs les fractions fines de TKT et TKG sont parfaitement superposables Les kaolins DD3 et DD2 sont trimodal et bimodal respectivement. DD3 est plus grossier que DD2 avec une importante population à 20 µm correspondant vraisemblablement à des agglomérats.

De tous ces kaolins celui qui présente des particules les plus fines est TKMO et celui qui présente des particules les plus grossières est DD3.

III.3. Composition chimique des différents kaolins

Les analyses chimiques réalisées sur les différents kaolins sont données dans le tableau III.2, elles sont présentées en ordre décroissant des teneurs en Fe_2O_3. La composition chimique d'une kaolinite pure de formule $Si_2Al_2O_5(OH)_4$ ou $2SiO_2.Al_2O_3.2H_2O$ exprimée en pourcentage massique d'oxyde correspondant à :

$SiO_2 = 46,55$ % ; $Al_2O_3 = 39,49$ % ; $H_2O = 13,96$ % et % SiO_2/ % $Al_2O_3 = 1,17$ %.

Tableau III.2. Compositions chimiques pondérale des différents kaolins.

Oxydes (%)	KT2	KT3	TKMO	TKT	TKG	DD3	DD2
SiO_2	51,08	49,56	43,17	42,40	40,09	42,40	45,52
Al_2O_3	30,79	32,66	32,91	37,84	42,44	36,90	38,75
Fe_2O_3	2,37	2,18	1,13	0,56	0,46	0,24	0,04
MnO	0,01	0,01	0,13	0,07	0,01	2,16	0,00
MgO	0,53	0,46	0,01	0,05	0,05	0,06	0,00
CaO	0,14	0,12	0,47	0,27	0,18	0,50	0,18
Na_2O	0,37	0,18	0,06	0,03	0,06	0,19	0,05
K_2O	3,24	2,94	0,50	0,02	0,04	0,20	0,03
TiO_2	0,49	0,39	0,80	1.99	0,63	0,02	0,01
P_2O_5	0,12	0,16	0,10	0,00	0,05	0,00	0,00
P.F.	10,86	11,38	20,74	16,79	16,00	17,33	15,44
SiO_2/Al_2O_3	1,66	1,52	1,31	1,12	0,94	1,15	1,17

Les échantillons TKG et DD2 se distinguent par leurs fortes teneurs en Al_2O_3 42,44 et 41,66 % respectivement. Les kaolins de Tamazert se distinguent par leurs fortes teneurs en SiO_2, Fe_2O_3 et K_2O. TKMO possède une teneur en Fe_2O_3 non négligeable (1,13 %) et une très forte perte au feu. Le kaolin DD3 renferme de l'oxyde de manganèse (MnO) en quantité importante ce qui explique sa coloration noirâtre, TiO_2 est présent dans les échantillons KT2, KT3, TKMO, TKG et en teneur plus importante dans TKT (2,04 %). Tous les kaolins renferment des teneurs non négligeables en CaO, la teneur la plus importante (0,5 %) est celle de DD3, suivi par TKMO.

Seul DD2 présente une perte au feu qui se rapproche de celle de la kaolinite pure [5]. Les kaolins KT2 et KT3 montrent une perte au feu relativement faible (10,86 % et 11,38 % respectivement) associée à de fortes teneurs en K_2O : ceci est dû à la présence d'une phase micacée.

Les pertes au feu enregistrées pour le reste des kaolins sont importantes, du fait de la présence de matières organiques et de gibbsite pour TKG (très fortes teneur en alumine).

Le rapport silice/alumine des kaolins TKT et DD3 se rapproche de la valeur théorique d'une kaolinite pure, les valeurs élevée pour KT2, KT3 et TKMO sont liées probablement à la présence de silice libre, en leurs sein. A l'inverse le faible rapport de TKG est lié à la présence d'alumine hydratée. La forte teneur en fer des échantillons KT2 et KT3 est responsable de leur couleur ocre, cette couleur est masquée dans le cas de TKMO par la présence de matières organiques.

III.4. Analyses minéralogiques des kaolins par DRX:

Les spectres de DRX des kaolins ont été obtenus sur les fractions brutes et tamisées à 63 µm, il n'y a pas de différence frappante dans leurs minéralogie, par conséquent seuls les diagrammes DRX des échantillons < 63 µm sont représentés dans les figures III.7- III.9 respectivement pour KT2, KT3, TKMO, TKT, TKG, DD3 et DD2.

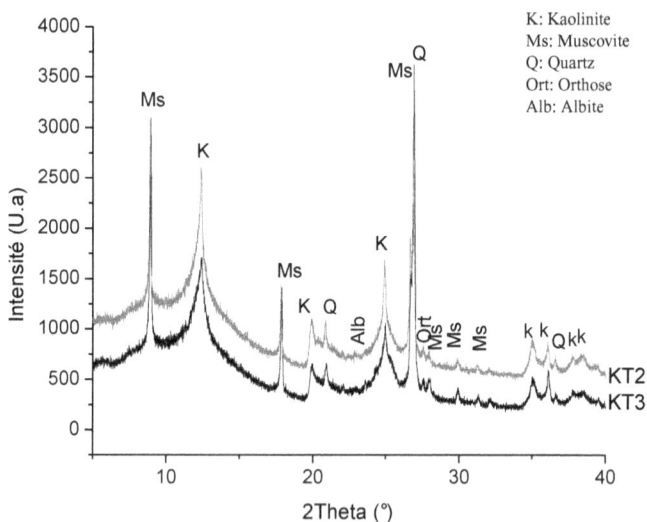

Figure III.7 Diagramme de diffraction des rayons X de KT2 et KT3 (CuKα, λ = 1,5405Å).

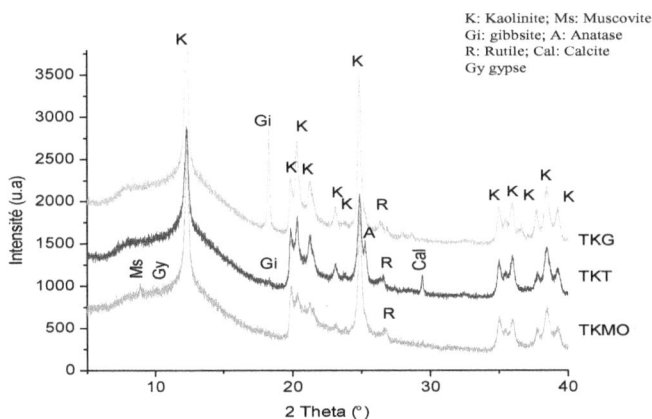

Figure III.8. Diagramme de diffraction des rayons X de TKMO, TKT et TKG (CuKα, λ = 1,5405Å).

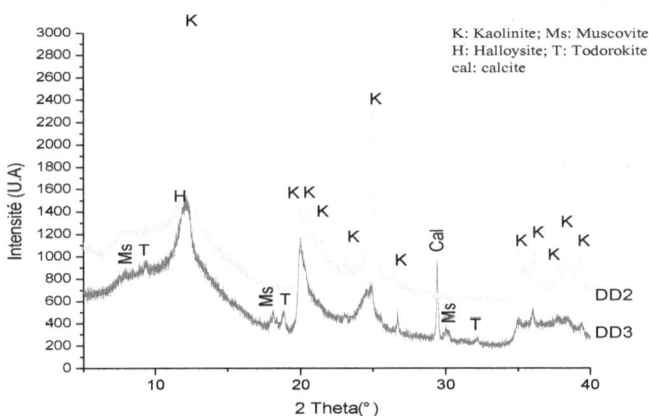

Figure III.9 Diagramme de diffraction des rayons X deDD3 et DD2 (CuKα, λ = 1,5405Å).

Les kaolins KT2 et KT3 renferment outre la kaolinite, une phase micacée, du quartz et des feldspaths potassique et sodique. TKMO renferme en plus de la kaolinite, du quartz et de la muscovite. TKT ne renferme pas de phases micacée ni de quartz mais seulement de la kaolinite, de l'anatase et du rutile. TKG renferme essentiellement de la kaolinite et de la gibbsite. Le kaolin DD3 renferme de la kaolinite de l'halloysite, de la muscovite, du quartz, du gypse, de la calcite et de la todorokite (phase contenant du manganèse de formule chimique développée

$$((Mn_{0,5}Mg_{0,16}Ca_{0,37})Mn_3O_7.H_2O),$$

DD2 ne présente pas d'impuretés minéralogiques mais seulement des pics de kaolinite. Le tableau III.3 résume les données minéralogiques acquises par la diffraction des rayons X.

Tableau III.3. Tableau récapitulatif des phases minéralogiques décelées par diffraction X.

Phases minéralogiques	KT2	KT3	TKMO	TKT	TKG	DD3	DD2
Kaolinite	+	+	+	+	+	+	+
Halloysite	-	-	-	-	-	+	-
Quartz	+	+	+	-	-	+	-
Muscovite	+	+	+	-	-	+	-
Albite	+	+	-	-	-	-	-
Orthose	+	+	-	-	-	-	-
Gibbsite	-	-	-	-	+	-	-
Anatase	-	-	-	+	-	-	-
Rutile	-	-	-	+	-	-	-
Gypse	-	-	+	-	-	+	-
Calcite	-	-	-	-	-	+	-
Todorokite	-	-	-	-	-	+	-

III.5. Analyses thermiques des différents kaolins

III.5.1. Analyse thermogravimétrique

Les courbes correspondantes sont représentées sur la figure III.10. Du fait de la très grande proximité des échantillons KT2 et KT3, et pour ne pas alourdir les figures seul KT3 est représenté.

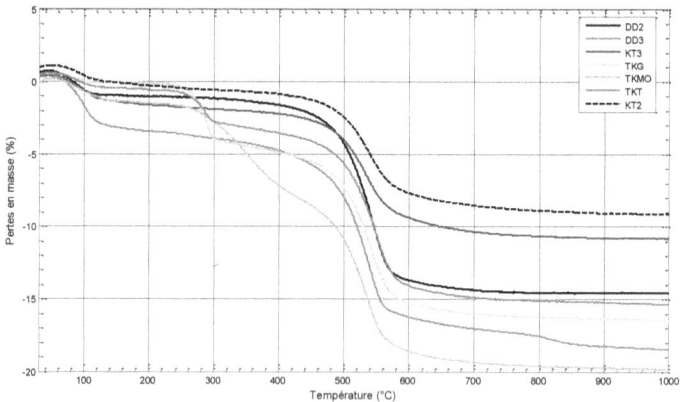

Figure III.10. Analyse thermogravimétrique des différents kaolins.

Le tableau III.4 regroupe les pertes de masse de chaque échantillon pour chaque événement. Le fait que les masses des kaolins continuent à diminuer au delà des 1000 °C signifie que des groupements hydroxyles résiduels continuent à disparaitre [6,7].

L'essentiel des pertes de masse (de l'ordre de 10 %) est enregistré aux environs de 400 - 700 °C lors de la deshydroxylation de la kaolinite selon la réaction :

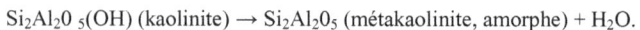

$$Si_2Al_2O_5(OH) \text{ (kaolinite)} \rightarrow Si_2Al_2O_5 \text{ (métakaolinite, amorphe)} + H_2O.$$

Tableau III.4. Pertes de masse relatives (%) des différents kaolins lors de l'analyse thermogravimétrique.

Températures	KT2	KT3	TKMO	TKT	TKG	DD3	DD2
100 °C	0,00	0,30	0,71	0,16	0,00	1,73	0,64
300 °C	0,60	2,00	2,78	2,77	4,00	3,92	1,25

250-400	0,39	0,45	5,47	2,77	4,48	1,22	0,61
400-600	7,12	7,19	11,44	10,53	10,38	11,36	11,98
800	9,00	10,00	19,64	15,10	16,24	17,54	14,54
Perte totale (1100 °C)	10,88	10,88	20,17	15,48	16,62	18,69	14,51
Perte au feu (1050 °C)	10,86	11,00	20,74	16,78	16,00	17,33	15,44

A 100 °C la perte de masse correspond au départ d'eau absorbée et l'eau zéolithique située entre les feuillets de la kaolinite, les échantillons n'étaient pas totalement secs. Dans le cas de l'échantillon DD3 cette perte (de 1,73 %) doit être attribuée à la déshydroxylation de l'halloysite. A 280 °C, les échantillons TKT et TKG présentent des pertes en masse, correspondant à la déshydroxylation de la gibbsite selon la réaction $2Al(OH)_3 \rightarrow Al_2O_3 + 3H_2O$. Entre 250 et 400 °C la perte continue doit être rapportée à la combustion des matières organiques. A 800 °C on peut soupçonner la décarbonatation de la calcite dans l'échantillon DD3:

$$CaCO_3 \rightarrow CaO + CO_2.$$

III.5.2. Analyse thermique différentielle (ATD)

Les analyses ATD des différents kaolins sont représentées dans les figures III.11, III.12 et III.13 respectivement pour les kaolins (KT2 et KT3), (TKMO, TKG et TKT) et (DD2 et DD3), le tableau III.5 regroupe les températures des différents phénomènes observés.

L'ensemble des échantillons possède en commun deux pics endothermiques et un pic exothermique. Le premier pic endothermique, observé entre 40 °C et 116 °C, est provoqué par le départ d'eau adsorbée et l'eau zéolithique située entre les feuillets de la kaolinite (entre les feuillets de l'halloysite de DD3 et DD2). Le deuxième pic endothermique observé entre 457 °C et 556 °C est caractéristique de la deshydroxylation de la kaolinite où l'eau de structure est éliminée suivant un mécanisme de diffusion qui aboutit à la formation d'un matériau amorphe le métakaolin, qui ne se réorganise qu'à plus haute température. Le pic exothermique observé entre 957 °C et 1002 °C correspond à la réorganisation structurale de cette phase amorphe pour aboutir à des composés cristallisés plus stables (spinelle, mullite). L'échantillon DD3 présente en outre trois pics endothermiques très faible au voisinage de 269 °C, 432 °C et 821 °C. Ils sont respectivement caractéristique de la perte d'eau de la todorokite à 269 °C [8], de la combustion des matières organiques [9] et enfin la décomposition de la calcite. Un épaulement se voit sur la figure III.11 du kaolin KT2 et KT3 respectivement à 583 et 522 °C, ces pics sont attribués à l'oxydation du fer (goethite) pour former de l'hématite (Fe_2O_3).

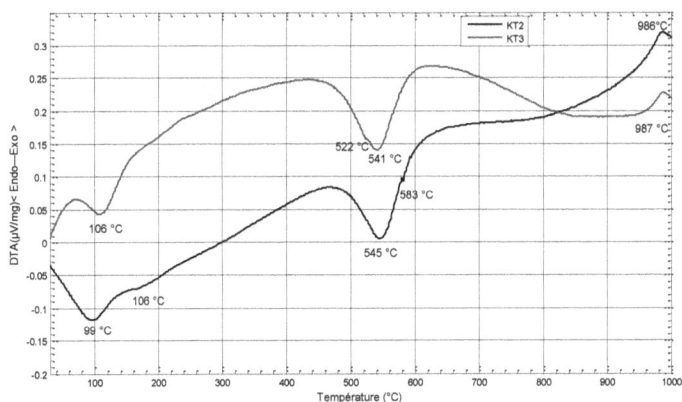

Figure III.11. Analyse thermo- différentielle (ATD) du kaolin KT2 et KT3.

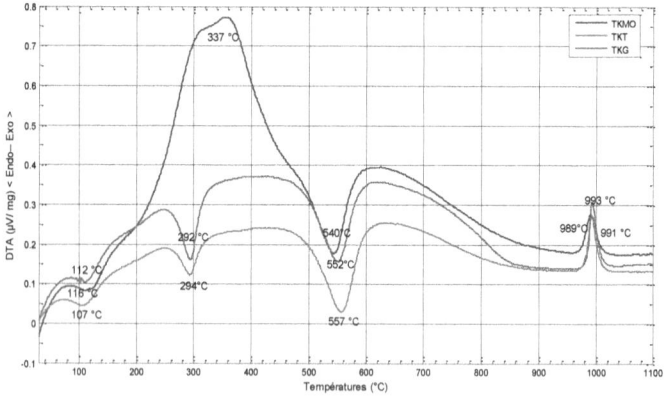

Figure III.12. Analyse thermo- différentielle (ATD) du kaolin TKMO, TKG et TKT.

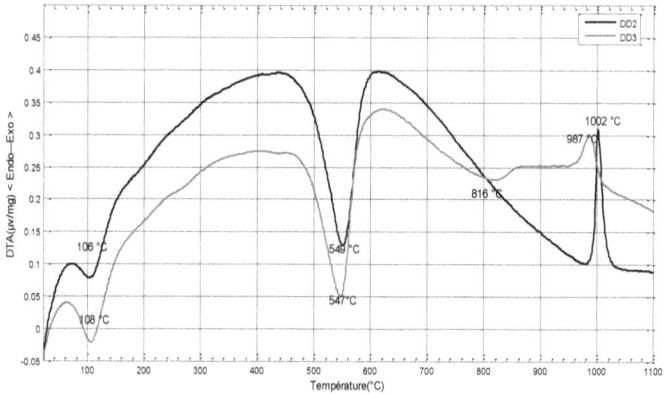

Figure III.13. Analyse thermo- différentielle (ATD) du kaolin DD2 et DD3.

Les échantillons TKG et TKT présentent en outre en commun des pics endothermiques à 294 et à 292 °C respectivement attribuable à la déshydroxylation de la gibbsite selon la réaction cité plus haut. Le pic exothermique important à 337 °C de l'échantillon TKMO se rapporte à la combustion des matières organiques. Les pics endothermiques de deshydroxylation de la kaolinite des différents kaolins apparaissent bien plus tôt par rapport à une kaolinite bien ordonnée (575 °C) selon Smikatz-Klotz [10]. D'après ce même auteur, les différents kaolins sont classés dans la gamme des kaolins désordonnés. Nous remarquons que les pics exothermiques de chaque kaolin aux alentours de 990 °C sauf pour DD3, KT2 et KT3 qui ont leurs pics exothermique un peu plus tôt cela est dû certainement au fait qu'ils referment des impuretés minérales tels que l'oxyde de manganèse (Todorokite) et l'oxyhydroxyde de fer (goethite) [11,12, 13], en effet le kaolin DD2 qui ne présente pratiquement pas d'impuretés recristallise à 1002°C seulement.

Tableau III.5. Températures caractéristiques des pics observés pour les différents kaolins. (Td, Tf : températures de début et de fin de réaction. Tm température du pic (endo ou exo)).

	Pics endothermiques						Pics exothermiques					
	Td	Tm	Tf	Td	Tm	Tf	Td	Tm	Tf	Td	Tm	Tf
KT2	60	99	115	470	545	627	-	-	-	968	988	1002

KT3	70	106	120	457	541	620	-	-	-	957	987	1012
TKMO	100	116	120	466	540	608	303	358	394	979	989	998
TKT	260	294	331	450	552	603	310	417	481	979	991	997
TKG	251	292	343	444	557	587	312	428	481	980	998	998
DD3	-	-	-	465	547	609	298	408	488	952	987	995
DD2	-	-	-	462	549	606	-	-	-	981	1002	1038

III.6. Analyse par spectrométrie infrarouge à transformée de Fourier (F.T.I.R).

Les spectres infrarouges représentés par les figures 14 à 16 des différents kaolins KT2 et KT3, TKT, TKG et TKMO puis DD3 et DD2 respectivement sont Les spectres infrarouges sont divisés en 2 zones principales. La première zone correspond aux bandes de fréquences élevées situées entre 3700 - 3400 cm^{-1}, la seconde correspond aux fréquences plus faibles situées dans la zone des 1500 - 400 cm^{-1}. Les grandes fréquences concernent vibrations des hydroxyles O-H, en revanche les bandes des petites fréquences (partie à droite) concernent les liaisons Al-OH, Si-O, Si-O-Si et Si-O-Al. Les valeurs des pics (cm^{-1}) et groupements fonctionnels correspondants observés pour les kaolins sont résumées dans le tableau III.6.

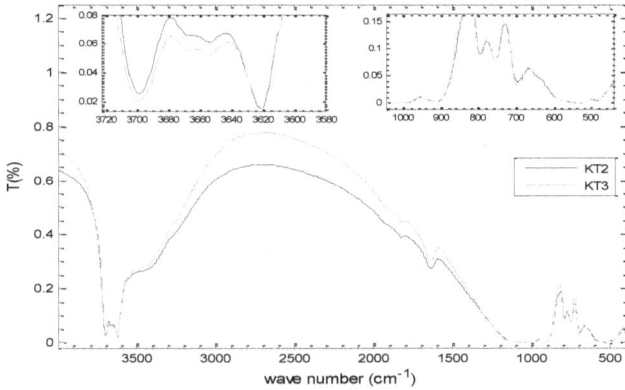

Figure III.14. Spectre IR des kaolins KT2 et KT3

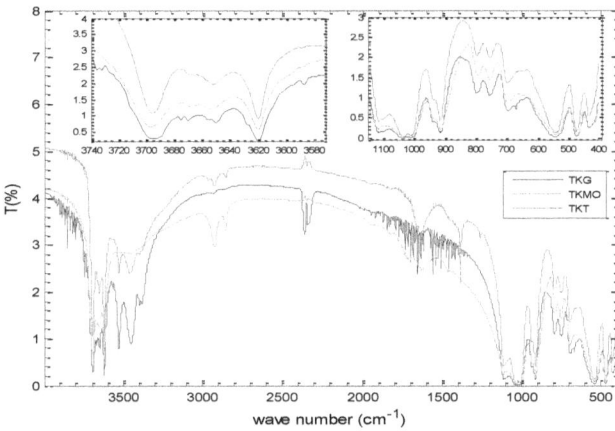

Figure III.15. Spectre IR des kaolins TKMO, TKT et TKG.

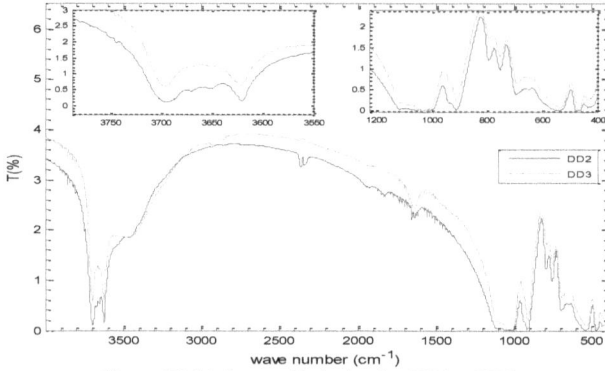

Figure III.16. Spectre IR des kaolins DD2 et DD3

Dans la première zone se trouvent les vibrations de valence des groupements OH qui se traduisent par la présence de quatre bandes d'absorption centrées sur les fréquences 3695, 3669, 3652 cm^{-1} (OH externes) et 3619 cm^{-1} (OH interne).les bandes de vibrations des OH externes à 3698 cm^{-1} et celles des OH internes situés à 3619 cm^{-1} sont présentes pour tous les kaolins. Les bandes de vibration des OH externes situés à 3669 et 3652 cm^{-1} sont absentes dans les échantillons TKT et DD3. Par ailleurs les intensités des groupements hydroxyles diffèrent d'un kaolin à un autre, on les voit bien accentuées dans les kaolins KT3, TKMO et TKG mais assez discrètes dans KT2 et DD2 et selon Russel [14] l'existence du doublet 3669 et 3652 cm^{-1} correspond à une kaolinite ordonnée. Les épaulements remarqués dans les kaolins KT2 et KT3 à 3547 cm^{-1} associé à celui de 827 cm^{-1} sont attribués aux vibrations de Fe^{3+}-OH-Fe^{3+} par élongation et par déformation respectivement du fer présent dans la structure des micas (dans notre cas la muscovite) [15-18]. Les bandes de vibration centrées à 3529 et 3444 pour les échantillons TKT et TKG et 3527 pour DD2 traduisent la présence de gibbsite [16,17]. L'halloysite présente dans les échantillons DD2, DD3, KT2 et KT3 est mise en évidence par la présence de bandes de vibration dans les régions 3050-3600 cm^{-1} et 1629 - 1648 cm^{-1} qui sont attribuées à la liaison HOH présente dans la structure de l'halloysite, la présence de ces deux types de bande est signe d'une halloysite 10Å [15]. Le fait que la bande à 797 cm^{-1} plus réduite à une inflexion permet de mettre en évidence la présence d'halloysite ($2SiO_2.Al_2O_3.4H_2O$) [15]. L'échantillon DD3 présente un pic discret à une fréquence de 1456 cm^{-1} correspondant aux carbonates [20,22].

Tableau III.6. Valeurs des pics (cm^{-1}) et groupements fonctionnels correspondants observés pour les kaolins sont résumées.

Kaolins	KT2	KT3	TKMO	TKT	TKG	DD3	DD2
Hydroxyles OH-	3698 3669 3652 3619	3698 3669 3652 3619	3698 3671 3653	3698 3651 3617	3689 3666 3647 3617	3694 3619	3694 3669 3648 3621
H_2O	1636	1632	1635	1629	1654	1666	1634
Al-OH	909	907	935 910	932 910	936 908	906	906
Si-O	1118 978 485	1118 978 485	1115 1034 1009	1115 1034 1009	1138 987	1100 1039 1004	1112 984
OH translation	797 751	797 751	798 751	796 753	798; 754	797 752	794 752
Si-O-Al^{VI} Déformation	521	521	537 470	537 467	546 456	693 532 466;	700 488

					431	

La bande d'absorption dans l'intervalle 1115- 950 cm^{-1} correspond à l'élongation de la liaison Si-O et à la liaison par étirement antisymétrique de Si-O-Si [16,17]. Les bandes observées dans les régions 936 - 909 cm^{-1} des différents kaolins avec de légers changements des fréquences (voir tableau III.19) sont attribuées à la déformation des liaisons d'Al$_2$O-H (OH libre internes et OH en externe). Les bandes de vibration à 2882, 2964, 2920, 2930 cm^{-1} sont attribuées aux matières organiques [18] respectivement pour les kaolins KT3, TKMO, TKG, et DD3, ces dernières apparaissent plus accentuées pour TKMO et DD3 que pour les autres kaolins. D'après Russel et Fraser, les deux bandes d'intensité faible et pratiquement égale, situées à 798 cm^{-1}et près de 750 cm^{-1} observées pour tous les échantillons indiquent la présence de kaolinite.

III.7. Calcul normatif des compositions minéralogiques :

Dans le but de calculer la composition minéralogique quantitative nous avons utilisé le calcul normatif en croisant les informations fournies par la composition chimique et par la composition minéralogique pour chaque kaolin. Il est souvent possible à partir d'hypothèses simples (formules stoechiométriques, somme des minéraux à 100 %) de calculer une composition minéralogique quantitative vraisemblable. La composition chimique fournit des taux de silice, d'alumine, de potasse, etc. La composition minéralogique montre l'existence de kaolinite (Si$_2$Al$_2$O$_5$(OH)$_4$) de muscovite KAl$_2$(Si$_3$AlO$_8$)(OH)$_2$, de quartz SiO$_2$, etc. En l'absence de feldspaths, le taux de muscovite peut être calculé à partir de la teneur en oxyde de potassium, la teneur en calcium nous donnera le taux de gypse, l'alumine et la silice restante nous donneront le taux de kaolinite, la silice résiduelle correspondant au quartz, l'anatase est directement dosée par la teneur en titane et la perte au feu non utilisée par la kaolinite et la muscovite correspond au taux de matières organiques. Dans ce calcul minéralogique normatif, il est préférable de travailler en nombre de mole plutôt qu'en teneur massique. Lorsque plusieurs minéraux comportent les mêmes oxydes, la perte au feu permet d'arbitrer. Il est parfois nécessaire de poser des hypothèses supplémentaires.

Exemple de calcul minéralogique normatif de KT2 :

Ce kaolin contient principalement de la kaolinite et de la muscovite, les phases mineures telles que le quartz, l'orthose, l'albite, la goethite et l'anatase sont directement liées à la silice libre, à l'oxyde de potassium, l'oxyde de sodium l'oxyde de fer et l'oxyde de titane respectivement. Le nombre de mole de K$_2$O dans 100g de kaolin est de 0,034 moles. Si on attribue tout le potassium à la muscovite de formule chimique 6 SiO$_2$ 3Al$_2$O$_3$ K$_2$O 2H$_2$O dont la masse molaire est 792 g/mole, on aboutit à 27 % de muscovite. Mais KT2 contient aussi un feldspath potassique (l'orthose), Le nombre de mole de K$_2$O contenu dans KT2 (soit 34 millimoles) est à partager entre l'orthose et la muscovite. On aboutit à des taux de 8 % d'orthose pour 16 % de muscovite. Le sodium appartient à l'albite, qui consomme également de l'alumine. L'alumine restante (soit 228 millimoles) est utilisée pour le calcul du taux de kaolinite de masse molaire 258 g soit 0,228.258 = 57 % et 3 % d'albite.

Le quartz utilise la silice restante non utilisée (soit 154 millimoles), son taux est alors de 10 %, l'anatase utilise le taux de TiO$_2$ directement soit 6 millimoles et la goethite FeO(OH) dont la masse molaire est de 89 g/mole utilise tout le fer soit 27 millimoles. Leurs taux respectifs sont de 0,5 % et 2 % Le même calcul est utilisé pour tous les autres kaolins, on obtient les taux de phase minéralogiques résumés dans le tableau III.7 qui suit :

Tableau III.7. Calculs normatifs des compositions minéralogiques des différents kaolins

Phases minéralogiques (%)	KT2	KT3	TKMO	TKT	TKG	DD3	DD2
Kaolinite	57	66	80	93	85	60	85
Halloysite	-	-	-	-	-	35	14
Quartz	13	9	4	-	-	-	-
Muscovite	16	13	4	-	-	-	-
Albite	3	2			1	-	-

Orthose	8	8	-		-	-	-
Gibbsite	-	-	-	3	13	-	-
Anatase/rutile	0,5	0,4	0,8	2	0,6	-	-
Goethite	2	2	1	-		-	-
Gypse	-	-	1	-		-	-
Calcite	-	-	-	-	-	1	-
Todorokite	-	-	-	-	-	2	-
Matières organiques (%)	0,5	0,6	8,2	2	0,4	2	1
Total (%)	100	100	100	100	100	100	100

Les kaolins les plus riches en kaolinite sont les kaolins TKT, DD2, TKMO et TKG viennent après les kaolins KT3, DD3 et KT2, les kaolins les plus quartzeux et qui renferment aussi de la muscovite sont KT2, KT3 et TKMO, les autres ne renferment pas de quartz.

III.8. Morphologie de la kaolinite dans les différents kaolins

Les résultats des observations au microscope électronique à balayage sont résumés dans la figure III.17 qui suit :

KT2

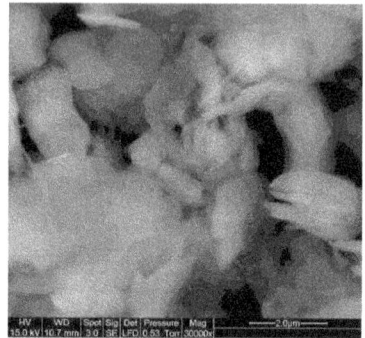

KT3

TKT

TKG

DD3 **DD2**

Figure III.17 Photos MEB des différents kaolins

Les plaquettes de kaolinite sont de forme hexagonale. Dans les kaolins de Tamazert (KT2 et KT3) nous remarquons la forme feuilletée des plaquettes de kaolinite regroupées en amas de taille inferieure à 5 µm (entre 1 et 2 µm). La surface des plaquettes n'est pas régulière il y a des distorsions notables, c'est une morphologie d'une kaolinite moyennement à mal cristallisée selon Amigo et al. [6]. En outre nous remarquons des grains de micas et de quartz qui entourent les plaquettes de kaolinite. Dans le kaolin TKMO la distribution de la taille des grains d'argiles est homogène autours de 2 µm et leurs surfaces paraissent régulières. Le kaolin TKT se présente sous forme de plaquettes très fines regroupées en amas feuilletés de taille inférieure à 1 µm. La distribution de la taille des grains d'argiles est hétérogène et leur surface parait régulière. Les plaquettes de kaolinite de l'échantillon TKG sont sous forme de feuillets hexagonaaux, la taille des grains parait régulières de dimension légèrement inferieurs à 2 µm.

Les kaolins DD2 et DD3 sont composés simultanément de kaolinite et d'halloysite (sous forme de baguette), le DD3 comprend beaucoup plus d'halloysite. La taille des plaquettes de kaolinite de l'échantillon DD2 est nettement inferieure à 2 µm.

Ni la goethite, ni la gibbsite, ni la todorokite n'ont été distinguées au MEB. Les seules impuretés repérées sont le quartz, la muscovite, la pyrite (Figure III.18), en amas framboïforme et les matières organiques, sous forme de fragments végétaux carbonés (Figure III.19).

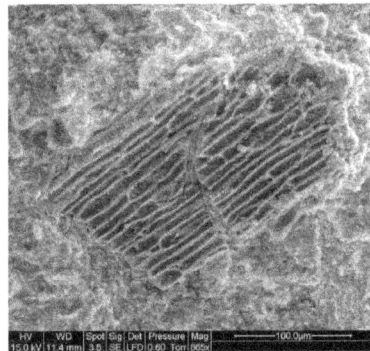

Figure III.18 Pyrite framboïforme dans TKMO **Figure III.19** Fragment végétal fossilisé dans TKMO

III.9. Etude de la cristallinité des différents kaolins

La kaolinite, comme la plupart des minéraux argileux, peut présenter de nombreux défauts cristallins. Elle existe dans la nature sous des formes allant des très bien cristallisées à très désordonnées (ball clay). Il existe des désordres dans les plans parallèles à l'axe (c) donc noté hk0. L'indice d'Hinckley (HI) repose sur l'analyse de l'intensité, de la hauteur et/ou de la forme des pics de diffraction des bandes (hk0), Lorsque le désordre cristallin croît dans ces plans (a,b), les raies constitutives de ces bandes deviennent plus larges et leur hauteur relative diminue. Elles peuvent même constituer des ensembles sans pics distincts. Cet indice, HI, est déterminé à partir des pics des bandes (02l) et (11l) [21]. Il existe aussi des désordres selon l'axe c, La forme et la position des pics (00l) des diagrammes de diffraction des rayons X de la kaolinite sont utilisées pour estimer le nombre de défauts d'empilement selon cet axe. Ces réflexions étant sensibles à l'épaisseur des domaines cohérents dans la direction [001], la largeur et la position des pics (00l), notamment (001) et (002), dépendent de la loi de distribution du nombre des feuillets. Selon Tchoubar et al [22] la position de la raie (001) est d'autant plus décalée vers les petits angles que le nombre de défauts structuraux présents au sein du minéral est grand. La distance basale de la kaolinite, 0,715 nm, augmente donc avec le nombre de défauts d'empilement. Brendley et al [23] ont constaté l'existence d'une corrélation entre la définition des bandes (02l) et (11l) et la largeur à mi-hauteur des raies (001) et (002). Ils proposent même d'utiliser le critère de la largeur de ces raies pour estimer le degré de cristallinité des kaolinites suggérant ainsi l'existence d'une relation entre le désordre dans les couches et le nombre de défauts d'empilement. La cristallinité des différents kaolins est testée par différentes méthodes :

III.9.1. Calcul du nombre de feuillets dans le domaine cohérent de la kaolinite (001).

La forme et la position des pics (00l) des spectres de diffraction de la kaolinite peuvent aussi être utilisées pour estimer le nombre de défauts d'empilement selon l'axe c. Ces réflexions sont sensibles à l'épaisseur des domaines cohérents dans la direction [001]. La position des pics (001) et (002), dépend de la loi de distribution du nombre des feuillets qui estime le degré de cristallinité des kaolinites. La largeur à mi-hauteur de ces raies est liée au nombre L de feuillets par domaine cohérent par l'équation de Scherrer :

$$L = K* \lambda / \cos \theta * \sqrt{(a^2 - b^2)} \tag{1}$$

où **a** est la largeur à mi-hauteur du pic à caractériser, **b** la largeur à mi-hauteur du pic à 7,03 Å d'une chlorite considérée comme parfaitement cristallisée [24], θ l'angle de diffraction, λ la longueur du faisceau incident (λ = 1,5403 Å), K = 0,91. Il est d'usage de considérer que la kaolinite est bien cristallisée lorsque la taille du domaine cohérent atteint 75 feuillets. Les résultats de ces analyses sont regroupés dans le tableau III.8 qui suit :

Tableau III.8. Largeurs à mi hauteurs des raies 001 et résultats du calcul du nombre de feuillets

	Echantillons	Chlorite	KT2	KT3	TKMO	TKT	TKG	DD3	DD2
Plan 001	Largeurs à mi-hauteur $\Delta 2\theta$(°) CuKα = 1,5406Å	0,057	0,287	0,229	0,114	0,344	0,114	0,919	0,344
	L (Å)	Infinie	299	368	666	577	719	173	548
	Nombre moyen de feuillet par domaine cohérent	-	42	52	93	81	101	-	-

Les échantillons de Tamazert (KT2 et KT3) présentent un nombre de feuillets par domaine cohérent le moins élevé par rapport aux autres échantillons, Leurs kaolinites se rapprochent des kaolinites de faibles cristallinités. Selon ce critère les kaolins TKG, TKMO, TKT et DD2 sont les mieux cristallisées, Les valeurs obtenues pour DD3 et DD2 n'ont aucun sens compte tenu de la présence d'halloysite.

III.9.2. Test de gonflement à l'hydrazine

La kaolinite présente la particularité de gonfler par traitement à l'hydrazine. Les molécules de l'hydrazine possèdent une taille et une polarité qui facilite leurs intercalations entre les feuillets de kaolinite dont l'espacement passe alors de 7,15 Å à 10,4 Å [24] L'influence des désordres structuraux sur la pénétration de l'hydrazine entre les feuillets kaolinitique à été mis en évidence par A. Weiss (1961 et 1969) montrant que les désordres structuraux bloquaient partiellement le gonflement.

Des mesures du taux de gonflement à l'hydrazine ont été faites sur les suspensions des différents kaolins étalées sur des lames de verre qui sont préalablement séchées, quelques gouttes d'hydrazine sont versées puis séché pendant une nuit. Le taux de gonflement à l'hydrazine sur lame traité est défini par :

$$x = \frac{\text{Surface du pic à } 10,4 \text{ Å}}{\text{Surface du pic à } 7,15 \text{ Å} - \text{Surface du pic à } 10,4 \text{ Å}} \tag{2}$$

Les résultats de cette analyse sont donnés dans le tableau III.9 qui suit :

Tableau III.9. Résultats de gonflement à l'hydrazine des différents kaolins.

Echantillons	Pics	KT2	KT3	TKMO	TKT	TKG	DD3	DD2
Traité à l'hydrazine	10,4 Å	-	-	205	154	205	460	138
	7,15 Å	0	0	67	173	114	0	109
Taux de gonflement		-	1	1	0,8	0,5	0,6	1	0,6

Selon ces résultats KT2, KT3 et DD3 ne présentent pas de désordres structuraux selon l'axe c. Le nombre de défauts structuraux selon l'axe c augmente dans l'ordre TKMO, TKG, TKT et DD2.

III.9.3. Calcul du Slope Ration "SR" de l'aire des pics endothermiques

Une étude approfondie de la courbe obtenue en Analyse Thermo Différentielle permet de caractériser des défauts dans la couche (OH). On définit ainsi le Slope Ratio [20] "SR" comme étant le rapport des pentes maximales de la branche descendante à la branche ascendante du pic endothermique caractérisant la deshydroxylation de la kaolinite (Figure III.20).

$$SR = a/b = tg\alpha/tg\beta$$

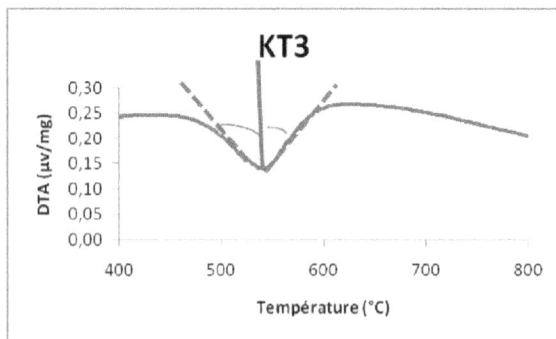

Figure III.20 Slope Ratio "SR" du kaolin KT3

La symétrie du pic traduit une difficulté de diffusion des molécules d'eau et une assymétrie traduit donc une facilité de formation des molécules d'eau durant la déshydroxylation. Les kaolins qui présentent une "SR" égale à 1 (pic symétrique) ne présentent pratiquement pas de défauts dans le plan des OH. Les "SR" des différents kaolins sont regroupés dans le tableau III.10 qui suit :

Tableau III.10. Slope Ratio "SR" des différents kaolins.

Kaolins	KT2	KT3	TKMO	TKT	TKG	DD3	DD2
"SR"	1,96	1,47	1,75	2,04	1,82	2,77	2,12

Les kaolins KT2 et KT3 sont ceux qui présentent le minimum de défauts dans la couche OH. La plus grande densité de défauts présente à la surface des plans OH est attribuée au kaolin DD3 certainement due à la présence importante d'halloysite. Selon ce critère "SR" les kaolins TKMO, TKT, TKG et DD2 présentent eux aussi un nombre de défauts dans la couche OH assez important.

III.9.4. Méthode de calcul des rapports P0 et P2 des bandes de vibration des hydroxyles de la kaolinite :

Delineau et al proposent une estimation de la cristallinité des kaolins à partir de leurs spectres infrarouge [16]. La maille élémentaire de la kaolinite possède quatre hydroxyles dont un seul interne. Les rapports P_0 et P_2 des bandes de vibration 3619 et 3695 cm^{-1} d'une part et 3652 et 3669 cm^{-1} d'autre part permettent de mesurer la cristallinité de la kaolinite [18, 20, 25], les rapports $P_0 > 1$ et $P_2 < 1$ sont synonymes de kaolinite bien cristallisées:

$$P_0 = [I(3619)/I_0]/[I(3695)/I_0] \text{ et } P_2 = [I(3669)/I_0]/[I(3652)/I_0]$$

Les rapports P_0 et P_2 caractérisant la cristallinité des kaolins calculés sur les spectres en absorption sont résumés dans le tableau III.11 qui suit :

Tableau III.11. Rapports de cristallinité des kaolins

Paramétres	KT2	KT3	TKMO	TKT	TKG	DD3	DD2
P_0	1,70	1,41	1,07	0,98	1,13	0,89	0,70
P_2	0,91	0,93	1,06	1,15	1,01	0,99	1,18

D'après ces résultats seuls les kaolins KT2, KT3 et TKG semblent avoir une bonne cristallinité car leurs rapport $P_0 > 1$ et $P_2 < 1$. D'après cette même méthode les autres kaolins présentent une mauvaise cristallinité. Dans DD2 et DD3, la présence importante d'halloysite est à l'origine de cette mauvaise cristallinité. Selon Churchman [26] la présence simultanée de kaolinite et d'halloysite (kaolin mixte) est signe de kaolinite mal cristallisée.

III.10. Autres caractéristiques physico-chimiques des différents kaolins

III.10.1. masses volumiques

Les masses volumiques des kaolins ont été déterminées à l'aide d'un pycnomètre à gaz (He) étalonné et travaillant sous air comprimé. Les résultats sont résumés dans le tableau III.12.

Tableau III.12. Valeurs des masses volumiques des différents kaolins.

Kaolins	KT2	KT3	TKMO	TKT	TKG	DD3	DD2
Masses volumiques absolues (g /cm3)	2,64	2,63	2,38	2,61	2,61	2,53	2,60

Les masses volumiques sont proches les unes des autres de 2,65 qui est la masse volumique du quartz pur. Les masses volumiques des kaolins DD3 et TKMO sont les plus petites, respectivement de 2,53 et 2,38. Ces faibles densités réelles sont certainement dues à la présence de matières organiques, de beaucoup plus faible densité.

III.10.2. Mesure de pH et de conductivité électrique

Les mesures de pH du milieu et de la conductivité (μs/cm) à 25 °C (HACH LANGE ECO 2) des suspensions de kaolin obtenues en mélangeant 2 g de kaolins $< 63\mu$m avec 50 ml d'eau déminéralisée (agitation 24h) sont résumé dans le tableau III.13.

Tableau III.13. pH et conductivité électrique des suspensions des kaolins.

Echantillons	KT2	KT3	TKMO	TKT	TKG	DD2	DD3
pH	4,94	6,97	3,01	3,88	4,87	6,44	7,39
Conductivité (μs/cm^2)	73	192	1095	335	220	106	260

Nous remarquons que les suspensions sont acides (sauf pour DD3) : il y'a libération d'ions H^+ (kaolins riche en Na^+ et K^+). Le kaolin TKMO est le plus acide probablement du fait de la présence de pyrite (FeS_2), signalée par Delineau. Le pH de DD3 est relativement basique certainement du fait de la présence des carbonates. Les conductivités des suspensions restent voisines les unes des autres sauf pour TKMO qui présente une conductivité assez élevée, 1095 μs/cm^2 due certainement aux sels solubles présents au sein de la suspension [4] et la présence de pyrite altérée conduisant à la formation d'acide sulfurique, la conductivité la plus faible reste celle de KT2 qui est de 73 μs/cm^2, le kaolin KT3 étant un produit obtenu à partir du traitement du kaolin KT2 à une conductivité électrique supérieure ceci est dû au traitement.

Conclusion

Nous possédons désormais toutes les informations nécessaires à la suite de ce travail. Nos différents kaolins se distinguent par plusieurs aspects.

La chimie/minéralogie. Si le minéral de base est toujours un silicate d'alumine hydraté, sous forme de kaolinite ou d'halloysite, il est accompagné sauf dans DD2, par plusieurs impuretés : micas et feldspaths apportent du potassium et du sodium dans KT2 et KT3; quartz et oxydes de fer sont présents dans ces mêmes kaolins et dans TKMO. Le titane est principalement présent dans TKT, les matières organiques dans TKMO et la gibbsite dans TKG et TKT. DD3 contient du manganèse et des matières organiques, DD2 est presque conforme à la stoechiométrie d'une halloysite.

La granulométrie et la morphologie. Elles sont en partie liées à la minéralogie avec KT2 et KT3 relativement grossiers du fait de la présence de quartz, minéral résistant à l'abrasion et la fracture. La morphologie en aiguille des halloysites du Djebel Debbagh DD3 et DD2 contraste avec les plaquettes des kaolins des Charentes et les amas des kaolins de Tamazert KT2 et KT3

La cristallinité, la meilleure étant celle des kaolins de Tamazert KT2 et KT3, toutes définitions confondues, sans qu'il soit possible de classer les autres de manière franche du fait de la complexité de la notion de cristallinité (désordre, taille de cristallites, etc.)

Références bibliographiques

[1] D.MERABET. N.BOUZIDI, H. BELKACEMI, P.GAUDON, J.M TAULMESS. Vers une utilisation des sous-produits de kaolin de Tamazert (Jijel) Algérie. ICV (Industrie céramiques et verres) n°1014 ; septembre-Octobre 2007.

[2] C. Renac,C, F.Assassi "Formation of non-expandable 7Å halloysite during Eocene-Miocene continental weathering at Djebel Debbagh, Algeria. A geochemical and stable-isotope study". Sedimentary Geology, 217, 140-153. 2009

[3] M. Koneshloo, J.P. Chiles. "Modeling of the kaolin deposits and reserves classification challenge of Charentes basin", France International Mining and Environmental Issues, vol 1, n° 1, 2010.

[4] C. A Jouenne. "Traité de céramiques et matériaux minéraux". Edition Septima, p 488.1984.

[5] O. Castelein "Influence de la vitesse de traitement thermique sur le comportement du kaolin bio : application au frittage rapide". Thèse de doctorat de l'université de Limoges. 2000.

[6] J.M Amigo, M.Bastida, J.Sanz, A.Signes, M.J.Serrano, "Cristallinity of lower cretaceous kaolinites of Teruel (Spâin)". Appl.clay Sc, Vol 9; pp 51-69.1994.

[7] A.Gualtieri , M.Bellote, G.Artioli, "Kenetic study of the Kaolinite-mullite reaction sequence. Part I : kaolinite deshydroxylation". Phy chemical minerals. Vol 22, pp 207-214. 1995.

[8] D.L Bich, J.E Post. "High-pressure crystal chemistry of KAlSi3O8 hollandite" American Mineralogist, 74, 177-186, 1989.

[9] M.R Boudchicha. " Etude des propriétés mecaniques et dielectriques de ceramiques préparées à partir de kaolin-dolomite" . Thèse de doctorat de l'Université de Batna. Algérie, 2010.

[10] W.Smykatz-kloss. "Application of differential thermal analysis in mineralogy". J. Therm. Anal. Cal., 23, 15-44. 1986.

[11] N.Soro. " Influence des ions fer sur les transformations thermiques de la kaolinite". Thèse de doctorat de l'Université de Limoges, n°17, 158 p., 2003.

[12] J.Yvon J, D.Garino, J.F Delon, J.M Cases. Valorisation des argiles kaolinitiques des charentes dans le caoutchouc naturel. Bull. Minéral., 105, 1982.

[13] O. Castelein, L. Aldon, J.olivier-Fourcade, j.C Juma, ,J.P Bonnet, P. Blanchart. " 57Fe Mössbauer study of iron distribution in a kaolin raw material : influence of the temperature and the heating rate". Journal of the European Ceramic Society, vol. 22, p. 1767-1773. 2002.

[14] J.D Russel. "Infrared spectroscopy of inorganic compounds. Laboratory methods in clay mineralogy". New Yorck. Wiley. pp 320. 1987.

[15] Hongfei Chenga, Ray L. Frostc, Jing Yangc, Qinfu Liub, Junkai Heb, "Infrared and infrared emission spectroscopic study of typical Chinese kaolinite and halloysite". Spectrochimica Acta PartA 77 1014–1020. 2010.

[16] T.Delineau, T.Alliard, J.P Muller, O. Barres, J.Yvon, J.M Cases,"FTIR Reflectance vs EPR Studis of structuraliron in kaolinites". Clays & clay mineral. 42,pp308-320. 1994.

[17] A. Qtaitat Mohammad, Naji Ibrahim. Al-Trawneh."Characterization of kaolinite of the Baten El-Ghoul region/south Jordan by infrared spectroscopy". Spectrochimica Acta PartA 61, 1519–1523. 2005.

[18] J.Yvon, Garino., Delon J. F., Cases J. M., Etude des propriétés cristallochimiques de kaolinites désordonnées. Bulletin de mineralogie., vol 105,pp439-455.1982.

[19] J.D Russel, A.R Fraser. "Infrared methods". ed. par M. J. Wilson. London : Chapman and Hall, p. 11-67 1996.

[20] J. Ambroise, S. Maximilien, J. Pera. "Properties of metakaolin blended cements". Advanced cement based materials. Vol. 1.p. 731-748.1994.

[21] D.N Hinckley, "Variability in "crystallinity" values among the kaolin deposits of the coastal plain of georgia and south carolina, Proc. 11th Nat. Conf. on clays and clay miner.,Ottawa, 229-235. 1962.

[22] B. Tchoubar, A. Plançon, J.B Brahim, C. Clinard, C. Sow. "Caractéristiques structurales des kaolinites désordonnées" Bull. minéralogie, 105, 477-491.1982.

[23] G.W Brindley,G.Brown."Crystal structures of clay minerals and their X-ray identification", Mineralogical Society, Monograph n°5, 323.1980.

[24] G.J Churchman, J.S Whitton, G.G.C Claridge, B.K.G Theng. Clay and Clay Minerals" 32, 241-248 1984.

[25] W.E Worall. "Clay and ceramic raw materials". Amsterdam. Edition . Elsevier. Pp.239.1986.

[26] E.Joussein, S. Petit, J Churchman." Halloysite clay minerals"- A review, clay minerals (2005) 40, 383-426. 2005.

IV. Etude du frittage et de la mullitisation des kaolins (900-1600°C)

Introduction

L'objectif de ce chapitre est de décrire les travaux réalisés en vue d'identifier et de caractériser les phénomènes intervenant pendant le traitement thermique (frittage densifiant et cristallisation de la mullite). Les transformations durant le cycle de cuisson des kaolins ont une influence directe sur le développement des phases formées [1-6] ainsi que sur les phases liquides [1,7, 8,] susceptibles de se former aux hautes températures, qui sont à l'origine de la recristallisation de la cristobalite et/ou de la formation de mullite secondaire. Les caractérisations des retraits des kaolins lors du traitement thermique (par méthode de mesure directe et par dilatomètre optique) ainsi que l'étude de leurs microstructures sont abordées dans ce chapitre.

IV.1. caractérisations par DRX des kaolins cuits à différentes températures

IV.1.1. Identifications des différentes phases formées lors du frittage

Les pastilles pressées et frittées sont analysées par diffractions directement sous cette forme, Il a donc éventuellement une orientation préférentielle, elle est parallèle à la surface pressée. Les diffractogrammes des kaolins aux différentes températures sont représentés dans les figures IV.1, IV.2, IV.3, IV.4, IV.5, IV.6, IV.7 respectivement pour KT2, KT3, TKMO, TKT, TKG, DD3 et DD2.

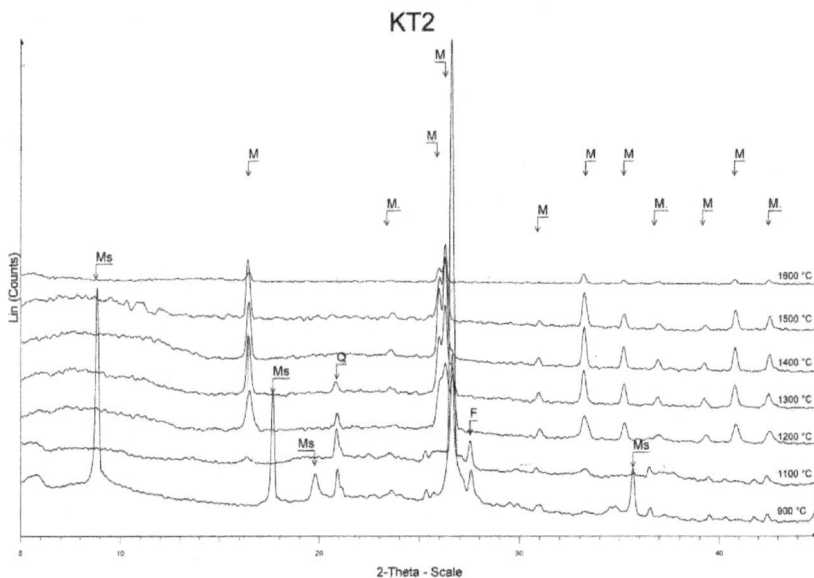

Figure IV.1. Diagrammes de diffraction de rayon X du kaolin KT2 (CuKα, λ = 1,5405Å).

(M : mullite ; Ms : muscovite ; Q : quartz ; F : feldspath ; Cr : cristobalite).

KT3

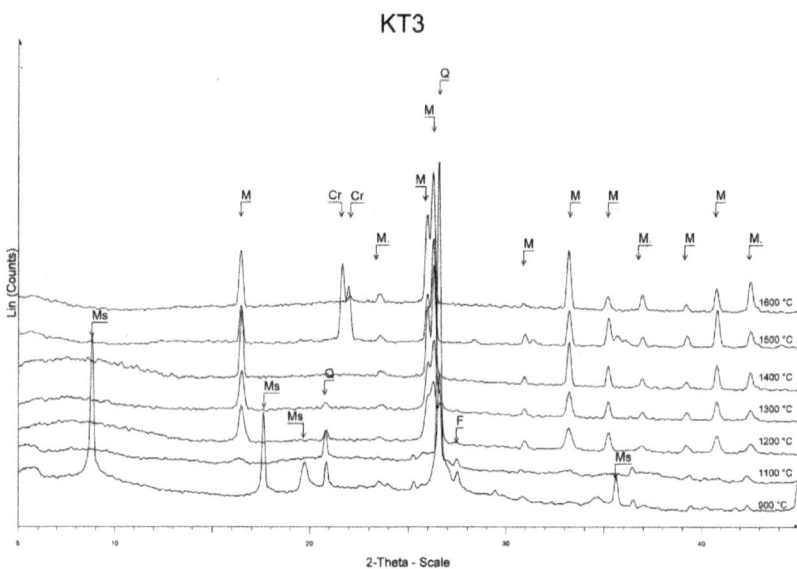

Figure IV.2. Diagrammes de diffraction de rayon X du kaolin KT3 (CuKα, λ = 1,5405Å).
(M : mullite ; Ms : muscovite ; Q : quartz ; F : feldspath ; Cr : cristobalite).

TKMO

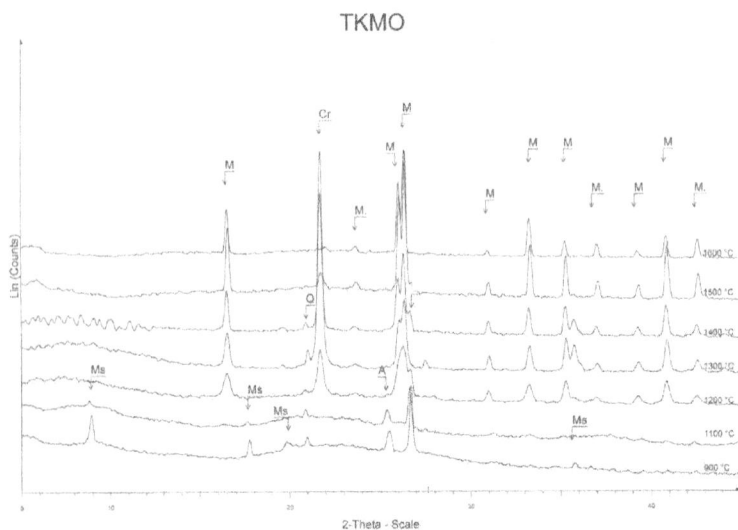

Figure IV.3. Diagrammes de diffraction de rayon X du kaolin TKMO (CuKα, λ = 1,5405Å)

(M : mullite ; Ms : muscovite ; Q : quartz ; Cr : cristobalite : A : anatase ; R : Rutile)

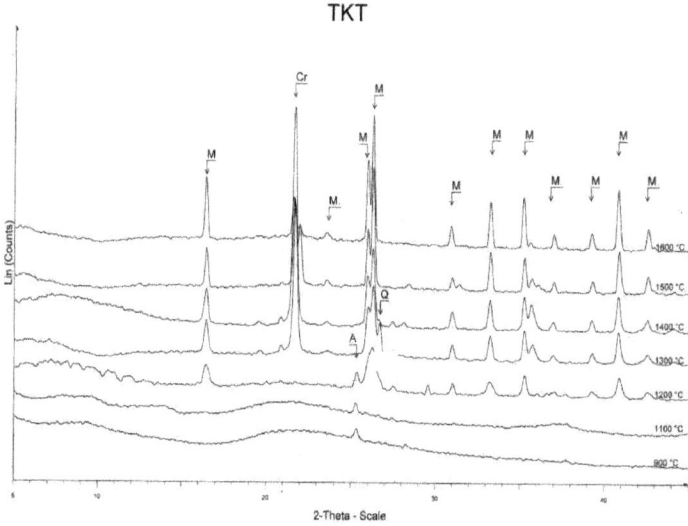

Figure IV.4. Diagrammes de diffraction de rayon X du kaolin TKT (CuKα, λ = 1,5405Å).

(M : mullite ; Cr : cristobalite : A : anatase ; R : Rutile)

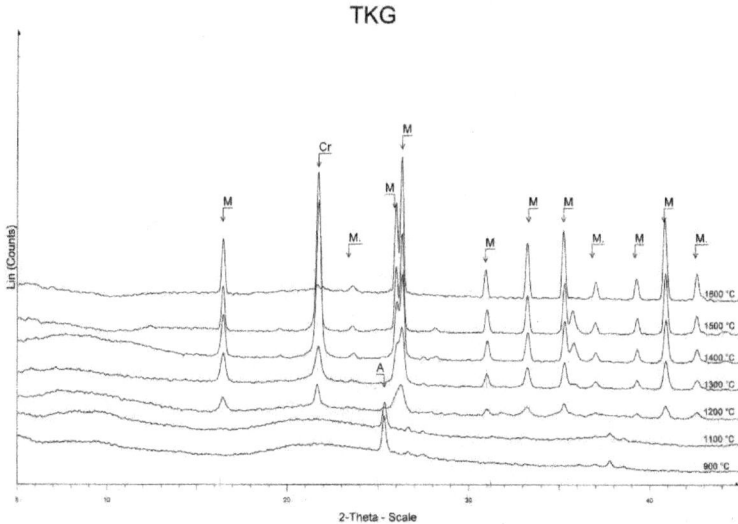

Figure IV.5. Diagrammes de diffraction de rayon X du kaolin TKG (CuKα, λ = 1,5405Å).

(M : mullite ; Cr : cristobalite : A : anatase ; R : Rutile)

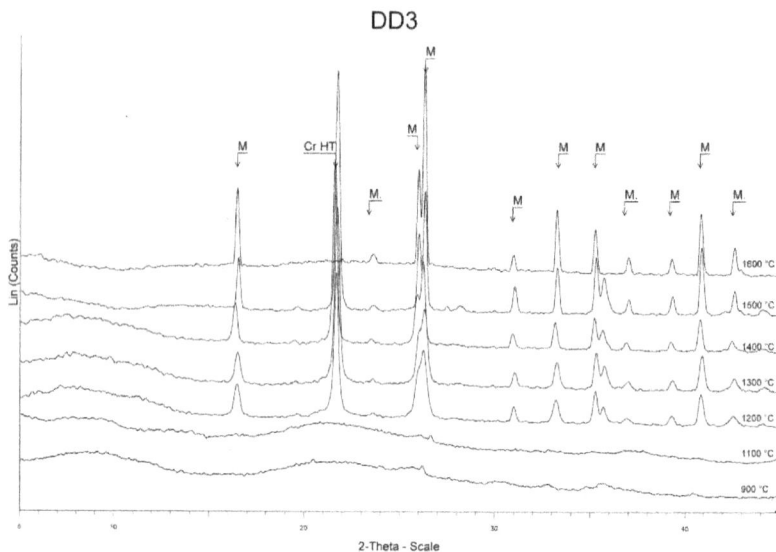

Figure IV.6. Diagrammes de diffraction de rayon X du kaolin DD3 (CuKα, λ = 1,5405Å)

(M : mullite ; Cr HT : cristobalite haute température)

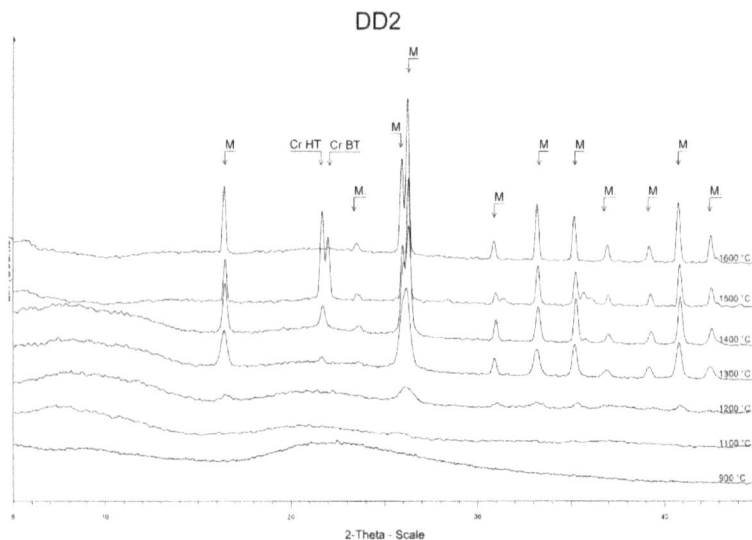

Figure IV.7. Diagrammes de diffraction de rayon X du kaolin DD2 (CuKα, λ = 1,5405Å).

(M : mullite ; Cr HT : cristobalite haute température: Cr BT : cristobalite basse température)

Les transformations thermiques des différents kaolins entre 900 et 1100 °C montrent l'apparition de dôme dans le fond continu centré à $2\theta = 22\text{-}23°$ caractéristique de la phase amorphe. Le quartz, la muscovite et les feldspaths sont encore présents dans cette gamme de température pour KT2 et KT3. A cette température, seul TKMO présente encore les pics caractéristiques de la muscovite et de l'anatase.

Les premiers cristaux de mullite apparaissent à 1100 °C pour KT2 et KT3 et bien plus tardivement pour les autres kaolins. Cette observation est en accord avec N. Soro [9], pour qui l'ajout de fer conduit à une diminution des températures de transformations Or ces deux échantillons sont particulièrement riches en fer.

Au-delà de 1100 °C, des pics peu intenses de mullite apparaissent pour les autres kaolins, ils se développent et s'affinent avec la température. La réflexion 210 ($25°2\theta$) est aux basses températures un simple épaulement de la réflexion 120 ($26°2\theta$).Le dédoublement des raies (210) et (120) de la mullite apparait à 1200 °C pour KT2, KT3 et TKMO, à 1300 °C pour TKT, TKG et DD3 et à 1500 °C seulement pour DD2. Compte tenu de l'extrême proximité des paramètres de maille des mullites primaire 2:1 et secondaire 3:2 [8] qui sont respectivement de (a : 7,578 Å ; b= 7,682 Å ; c= 2,886 Å) et de (a : 7,545Å ; b= 7,692 Å ; c= 2,884 Å), toutes deux orthorhombique, il est impossible de les distinguer les unes des autres par diffraction X.

Les intensités des pics de mullite des kaolins KT2, KT3 et TKMO diminuent à 1600°C alors que pour les autres kaolins, elles continuent à augmentent. Ceci nous laisse supposer la dissolution des cristaux de mullite dans la phase vitreuse.

L'intensité des bruits de fond caractéristique de la phase amorphe (centre à $2\theta = 24°$) se déplace lentement vers des petits angles (centre à $2\theta = 22°$) jusqu'à l'apparition de la cristobalite caractérisée par une réflexion intense à 4,15 Å au même emplacement angulaire. Le quartz est visible jusqu'à 1300 °C pour KT2 et KT3, et à 1400 °C pour TKMO et TKT.

Bien que la teneur en anatase et rutile dans le kaolin TKT soit beaucoup plus importante (2 %) que dans TKG (0,6 %) et TKMO (0,8 %), l'intensité des raies caractéristique de ces deux minéraux y est beaucoup plus faible. On peut penser qu'il y a eu formation précoce de phase vitreuse dans TKT, Ti^{4+} existant dans l'anatase peut jouer le rôle de modificateur de réseau de la phase vitreuse dans laquelle une partie de ces oxydes de titane est dissoute. Ceci n'est pas possible dans TKG, trop riches en alumine et TKMO trop pauvre en titane. L'apparition tardive (1300 °C) de la cristobalite pour TKT peut également s'expliquer par la présence d'une phase vitreuse précoce. Nous remarquons en outre la persistance des pics de diffraction caractéristique de l'anatase à 1200 °C dans ce même kaolin TKT. Dans le cas d'une anatase pure c'est entre 800- 900°C qu'a lieu la transformation en rutile [10,11]. Dans notre cas c'est à 1300 °C seulement que l'anatase tend à disparaitre au profit de la phase rutile.

Les spectres de DRX des différents échantillons montrent en plus de la mullite, la présence de la cristobalite. Dans DD3 et DD2 (échantillons particulièrement riches en halloysite et kaolinite) il s'agit de cristobalite β haute température. Dans KT3, DD2 et DD3il s'agit de cristobalite α basse température. Ces types de formes sont des phases quadratiques et cubiques de haute température de SiO_2 qui peut refermer des traces de Fe, Mn et Ti. Une seule forme de cristobalite est détectée dans les autres kaolins (TKMO, TKG et TKT). A 1500 °C les échantillons KT3, TKT et DD2 présentent un double pic de cristobalite α et β ($21\text{-}22°2\theta$). La cristobalite existe sous deux formes polymorphiques basse température (cristobalite α) et haute-(cristobalite β). La cristobalite β est la forme la plus stable de la cristobalite qui se forme à plus de 1400 °C dans les kaolinites ordonnés

[12]. La cristobalite β se transforme en cristobalite α au refroidissement entre 170-270 °C. Les hauteurs du pic le plus intense de la cristoballite (101) des différents échantillons sont représentées dans le tableau IV.1qui suit :

Tableau IV.1. Hauteurs des pics de cristobalite (101) en unités arbitraire des kaolins à différentes températures. (Cristobalite α - cristobalite β)

Cristobalite		α	β		α	β			α	β
Kaolins	KT2	KT3		TKMO	TKT		TKG	DD3	DD2	
1200 °C	Absente	Absente		1,5	Absente		0,8	4,5	Absente	
1300 °C	Absente	Absente		3,2	5,0		1,2	5,0	0,2	
1400 °C	Absente	Absente		5,0	4,0		4,5	6,0	0,8	
1500 °C	Absente	2,5	1,8	0,7	3,3	2,0	5,5	8,0	3,0	2,0
1600 °C	Absente	Absente		Absente	4,5		Absente	Absente	Absente	

La cristobalite apparait à 1200 °C dans les kaolins de Djebbel Debbagh (DD3) et les kaolins du bassin des charentes (TKMO et TKG),à 1300 °C dans les kaolins DD2 et TKT, à 1500 °C seulement pour KT3. Elle n'apparait jamais dans le kaolin KT2. Elle disparait à 1600 °C dans tous les cas sauf pour TKT.. Les plus faibles teneurs en cristobalite sont celles de DD2, les plus importantes sont celles du kaolin DD3. La teneur en cristobalite augmente, avec la température sauf pour TKMO, où la teneur diminue à 1500 °C pour disparaitre à 1600 °C et laisser place à la phase amorphe. La présence de titane et de manganèse respectivement dans les kaolins TKT et DD3 est probablement l'un des facteurs influençant la formation d'importants taux de cristobalite, ils jouent le rôle de précurseur pour la formation de la phase cristalline de la cristobalite.

IV.1.2. Taille des cristallites de mullite des différents kaolins

Nous avons choisi les raies (110) et (001) car elles correspondent à deux plans perpendiculaires. La mullite est généralement en baguettes allongées selon l'axe c parallèle au plan (110) [15].Les valeurs de FWHM sont données dans les tableaux IV.2 et IV.3 respectivement pour la raie (110) et (001)

Tableau IV.2. Valeurs de FWHM des raies (110) de la mullite des différents kaolins en °2θ

	1100°C	1200°C	1300°C	1400°C	1500°C	1600°C
KT2	0,46	0,34	0.27	0,22	0,22	0,24
KT3	0,42	0,32	0,28	0,21	0,22	0,23
TKMO	absente	0,41	0,30	0,23	0,21	0,20
TKT	absente	0,39	0,28	0,27	0,21	0,21
TKG	absente	0,32	0,31	0,26	0,21	0,20
DD3	absente	0,34	0,32	0,27	0,21	0,20
DD2	absente	0,44	0,39	0,28	0,20	0,20

Les largeurs à mi hauteur des réflexions 110 des différents kaolins sont strictement décroissantes avec la température, sauf pour les kaolins KT2 et KT3 pour lesquels cette valeur semble ré-augmenter à 1600 et 1500 °C respectivement.

Tableau IV.3. Valeurs de FWHM des raies (001) de la mullite des différents kaolins en °2θ

	1100°C	1200°C	1300°C	1400°C	1500°C	1600°C
KT2	0,33	0,28	0,25	0,27	0,29	absente
KT3	0,32	0,28	0,25	0,26	0,27	absente
TKMO	absente	0,35	0,28	0,28	0,25	0,14

TKT	absente	0,27	0,27	0,28	0,22	0,20
TKG	absente	0,42	0,37	0,31	0,28	0,24
DD3	absente	0,28	0,30	0,30	0,27	0,21
DD2	absente	0,42	0,28	0,25	0,33	0,22

En ce qui concerne les réflexions (100), le comportement est le même, avec la même exception pour KT2 et KT3. De plus DD2 montre un point aberrant à 1500 °C. Les résultats du calcul des tailles des cristallites de mullite correspondant aux deux raies sus-citée figure dans les tableaux IV.4et IV.5 respectivement.

Tableau IV.4. Tailles(Å) des cristallites de mullite perpendiculairement aux plans (110).

	1100°C	1200°C	1300°C	1400°C	1500°C	1600°C
KT2	51	78	113	140	166	140
KT3	58	86	106	183	166	152
TKMO	absente	60	95	152	183	203
TKT	absente	64	106	113	183	183
TKG	absente	86	90	121	183	203
DD3	absente	78	86	113	183	203
DD2	absente	55	64	106	203	203

La taille des cristallites de mullite perpendiculairement à (110) augmente avec la température. Pour se stabiliser autours de 0,2 µm à 1600 °C. Jusqu'à 1400 °C, les plus petites cristallites correspondent à DD2, car c'est un kaolin dépourvu d'impuretés. L'impureté manganèse sous forme Mn^{4+}/Mn^{2+} 'selon la température de frittage) (présente dans le kaolin DD3) ne s'incorpore pas totalement dans la structure de la mullite car sa taille (rayon ionique) est plus grosse que celle du fer et du titane [16]. L'impureté titane sous forme Ti^{4+}/Ti^{2+} est facilement incorporée dans la structure de la mullite rendant la taille des cristallites de ce dernier plus importante à 1200 et 1400 °C pour TKMO, TKG et TKT respectivement. La meilleure cristallinité de la mullite est développée à 1600 °C pour tous les kaolins sauf pour KT2 et KT3 qui présentent une meilleure cristallinité à 1500 °C.

Tableau IV.5. Tailles(Å) des cristallites de mullite perpendiculairement aux plans (001).

T(°C)	1100°C	1200°C	1300°C	1400°C	1500°C	1600°C
KT2	84	109	133	116	103	absente
KT3	88	109	133	124	116	absente
TKMO	absente	77	109	109	133	203
TKT	absente	116	116	109	170	183
TKG	absente	60	71	93	109	203
DD3	absente	109	98	98	116	203
DD2	absente	60	109	133	84	203

D'après Amigo et al [17] les cristallites de mullite sont plus allongées dans la direction (001) que la direction (110). Cela n'est pas le cas ici : il semble que les cristallites soient plutôt trappus.

IV.2. Variation des retraits linéaires des différents kaolins

Le retrait pendant le traitement thermique des kaolins est l'un des paramètres de caractérisation du frittage. Le volume apparent tend à varier en fonction de la température soit par dilatation soit par retrait Lors du frittage d'un kaolin, les retraits passent généralement par trois étapes [18, 19], après une légère dilatation jusqu'à 550 °C, un premier retrait est attribué à la deshydroxylation de la kaolinite, un deuxième plus rapide est attribué à la réorganisation du réseau cristallin, un troisième retrait plus long est dû à la recristallisation de la céramique et apparition de la phase vitreuse.

Les résultats des retraits linéaires (%) sont obtenus par deux méthodes, d'une part une méthode continue, à chaud, jusqu'à 1300 °C (Figure IV.8), d'autre part des mesures des dimensions des pastilles à froid après leur cuisson aux différentes températures retenues entre 900 et 1600°C (Figure IV.9). Les retraits $\Delta L/L_0$ sont rapportés en valeurs positives.

IV.2.1 De la température ambiante à 1300 °C

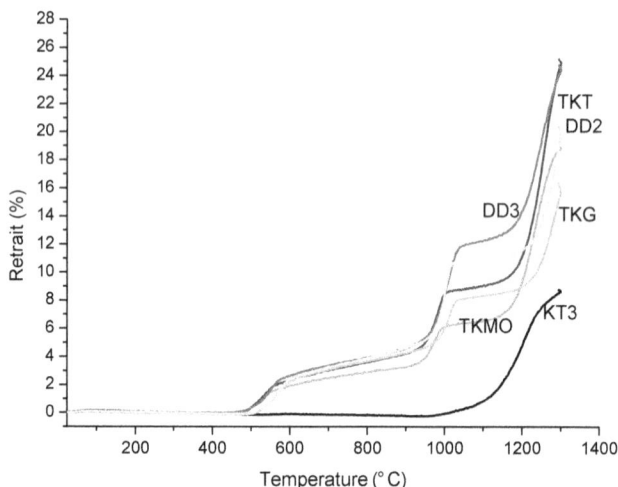

Figure IV.8. Dilatogramme des différents kaolins

Le kaolin KT2 ayant le même comportement thermique que KT3, seules les variations dimensionnelles du kaolin KT3 sont représentées.

Tableau IV.6. Principaux retraits : températures (°C) et valeurs associées (%)

Kaolins	KT2	KT3	TK	TKT	TKG	DD3	DD2
480	Absent	Absent	5,3	6,3	7,3	8	7,6
980	Absent	Absent	6,2	8,6	7,9	11,8	10,6
1150	Absent	Absent	5,0	4,0	4,5	6,0	0,8

Les premiers retraits sont liés à la dehydroxylation de la kaolinite entre 470 et 950 °C. Un deuxième retrait entre 950 et 1020 °C est lié à la cristallisation de la mullite au dépend de la métakaolinite correspondant au phénomène exothermique observé en ATD.

Un retrait lent est observé entre 1012 et 1146 °C pour les kaolins KT2 et KT3, dans cette zone de température le feldspath potassique (renfermé dans ces mêmes kaolins) est censé se décomposer en phase liquide et en leucite (température de décomposition péritectique indiquée à 1140 °C [19]).Le retrait s'accélère jusqu'à 1300 °C correspondant à la densification importante.

A la différence de tous les autres les kaolins KT2 et KT3 ne présentent pas de retrait entre 480 et 570 °C. Leurs retraits sont similaires à celui d'une céramique [10] du fait qu'il renferme du quartz qui joue le rôle de dégraissant et bloque le retrait pendant la déshydroxylation de la kaolinite

[20]. Il n'y a pas non plus de retrait autour de 1000 °C du fait de l'absence de cristallisation de mullite.

IV.2.2. De 1300 à 1600 °C

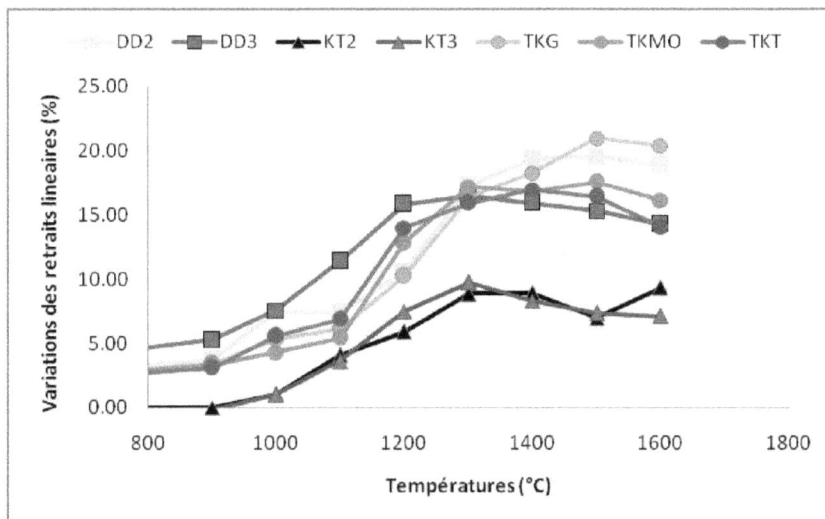

Figure IV.9. Retrait linéaire (%) en fonction de la température de cuisson des kaolins

C'est à partir de 1300 °C que les kaolins se distinguent les uns des aux autres. Pour KT3 TKT et DD3 le retrait cesse et le matériau se dilate de quelques % entre 1300 et 1600 °C. KT2 montre la même tendance mais avec reprise du retrait à 1600 °C. Les autres échantillons (TKMO, TKG et DD2) continuent leurs retraits jusqu'à 1600 °C ou n'évoluent plus. La présence de feldspaths jouant le rôle de fondant explique le fait que ce retrait s'arrête plus tôt pour KT2 et KT3 par rapport aux autres échantillons. Les kaolins TKMO, TKG et DD2 ont un retrait de 18, 21 et 20% respectivement. Donc il peut y avoir retrait continu ou retrait suivi d'un gonflement.

IV.3. Densifications et porosités des kaolins

Au cours du frittage des argiles en général et des kaolins en particulier, tous les constituants restent à l'état solide et la densification résulte alors de la soudure et du changement de la forme des grains. Quand elle a lieu au cours du frittage en phase solide, la densification se produit en trois étapes : la formation des ponts entre les grains qui se termine vers une densité relative de 2,65 l'élimination de la porosité ouverte qui se déroule entre des valeurs de densité relatives de 2,65 et 2,92 et l'élimination de la porosité fermée jusqu'à la fin du frittage, cette dernière étape est la plus difficile. Les densités de la mullite, de la cristobalite et de la phase vitreuse sont respectivement de 3,11, 2,36 et 2,53

IV.3.1. Effet du frittage sur les densités des kaolins

Après chaque cuisson et ce jusqu'à 1600 °C, les pastilles des kaolins sont broyées puis des mesures de leurs densités absolues par pycnomètre à gaz sont prises, les résultats sont représentés dans le tableau IV.7 suivant :

Tableau IV.7. Densités absolues des kaolins frittés

T(°C)	KT2	KT3	TKMO	TKT	TKG	DD3	DD2
25	2,64	2,63	2,38	2,61	2,61	2,53	2,60
900	2,65	2,69	2,64	2,70	2,75	2,75	2,62
1100	2,77	2,76	2,75	2,86	2,86	2,86	2,81
1200	2,64	2,62	2,79	2,62	2,89	2,72	2,79
1300	2,55	2,58	2,75	2,57	2,85	2,71	2,71
1400	2,47	2,45	2,47	2,59	2,82	2,58	2,73
1500	2,36	2,40	2,79	2,70	2,81	2,58	2,75
1600	2,46	2,48	2,40	2,61	2,81	2,53	2,72

Les densités absolues augmentent avec la température au cours du frittage entre 25 et 1100 °C. C'est à 1200 °C que les densités de KT2, KT3, TKT, DD3 et DD2 tendent à diminuer, alors que pour TKMO et TKG ce phénomène n'intervient qu'à partir de 1300 °C. La formation du liquide visqueux dans la première catégorie de kaolin, qui est due à la présence simultanée d'impuretés (Fe^{3+}, Ti^{4+}, Mn^{4+}) et des feldspaths [21, 22] à fait que ces kaolins ont une densité élevée jusqu'à 1100°C. Dès l'apparition de la cristobalite à 1200 °C pour les kaolins TKT, DD3 et DD2, les densités absolues diminuent. Pour TKMO et TKG, la cristobalite apparait à 1300°C diminuant ainsi leurs densités absolues. Le fait que le kaolin TKG est riche en kaolinite d'une part et en gibbsite d'une autre part favorise la formation de la mullite et de la cristobalite lui conférant une importante densité absolue parmi les autres échantillons

Les densités apparentes augmentent globalement avec la température (Figure IV.10), en effet au dessous de 1100°C leurs masses volumiques apparentes sont faibles, elles tendent à augmenter à partir de cette température (KT2, KT3, TKMO, TKT et DD3) et à partir de 1200 °C (DD2 et TKG). Les densités apparentes de KT3, KT2, et DD3 tendent à diminuer à partir de 1300 °C, alors que celles de TKT et TKMO tendent à diminuer à partir de 1400 °C et finalement celles de DD2 et TKG restent inchangées même dans les hautes températures. Le fait que TKG et DD2 soient riches en gibbsite - kaolinite et en kaolinite- halloysite respectivement et que DD2 soit dépourvu d'impuretés les rend réfractaires et nécessitent un frittage intensif pour voir leurs densités décroitre. La présence de feldspaths et de fer dans les kaolins KT2 et KT3 accélèrent la formation du liquidus [9,21] ce qui engendre la formation de la phase vitreuse. Durant le frittage, la densité de TKMO est la plus faible, elle ne dépasse pas 2.14, alors que celle de TKG est la plus grande, elle avoisine les 2.69 à 1500 °C.

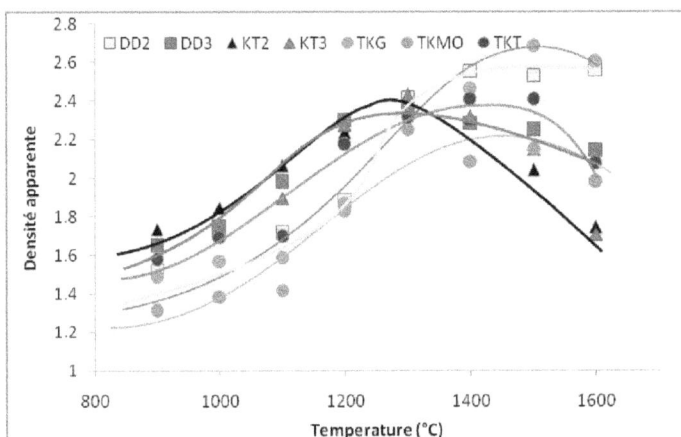

Figure IV.10. Variations des densités apparentes en fonction de la température

IV.3.2. Conséquences sur les porosités des kaolins

La porosité totale π % des échantillons est calculée selon la formule (IV.1) suivante :

$$\pi(\%) = \left(1 - \frac{d_{(apparente)}}{d_{(absolue)}} \right) * \ldots (IV.1)$$

La porosité des produits calcinés à 950 °C est due pour partie à la porosité intergranulaire des kaolins lors du pressage, pour partie à la déshydroxylation des kaolins vers 500 °C, quoique ce phénomène soit accompagné d'un retrait. Les figures IV.11, IV.12, IV.13respectivement pour les kaolins (KT2, KT3), (TKMO, TKT et TKG) et (DD3 et DD2) nous montrent que les évolutions des porosités en fonction de l'élévation des températures sont similaires jusqu'à 1100°C. De manière générale, le taux de porosité évolue peu avant le début de la cristallisation qui coïncide avec l'apparition d'une phase vitreuse. Cela correspond à des températures supérieures à 1050°C [9].

Les kaolins KT2 et KT3 montrent une porosité qui diminue progressivement jusqu'à 1400°C pour atteindre 6 %. Au-delà de cette température, la porosité tend à nouveau à augmenter. C'est le kaolin TKMO qui possède la plus grande porosité (50 %) à 900 °C certainement à cause du départ des matières organiques. TKG présente également une porosité proche de 50 % à 900 °C sans pour autant contenir de matières organiques. Mais la déshydroxylation de la gibbsite crée elle aussi une porosité supplémentaire par rapport à celles citées plus haut. Les porosités tendent à diminuer jusqu'à 1400°C pour atteindre 15, 13 et 6 % respectivement pour TKMO, TKT et TKG. La porosité de TKG continue à diminuer pour atteindre 4% à 1500 °C alors que celle de TKT tend à augmenter à partir de 1500 °C. L'évolution du taux de porosité des kaolins DD2 et DD3 est similaire jusqu'à 1300 °C, néanmoins la porosité de DD2 est supérieure à celle de DD3 (pourtant riche en matières organiques) ce qui est peut être dû au retard de la formation de phases vitreuse au sein de DD2 dépourvu d'impuretés minérales pouvant accélérer ce processus [9,21]. Au delà de 1300 °C la porosité de DD2 tends à encore diminuer pour atteindre 6 % alors que DD3 trouve sa porosité augmentée pour atteindre 15 %. Les kaolins KT2, KT3, TKMO, TKT et DD3 ont le même comportement vis-à-vis de l'évolution de leurs porosités alors que TKG suit la même évolution que DD2.

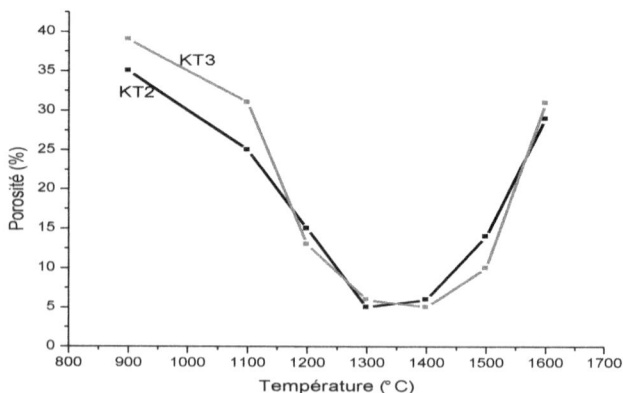

Figure IV.11. Variation de la porosité en fonction de la température de KT2 et KT3.

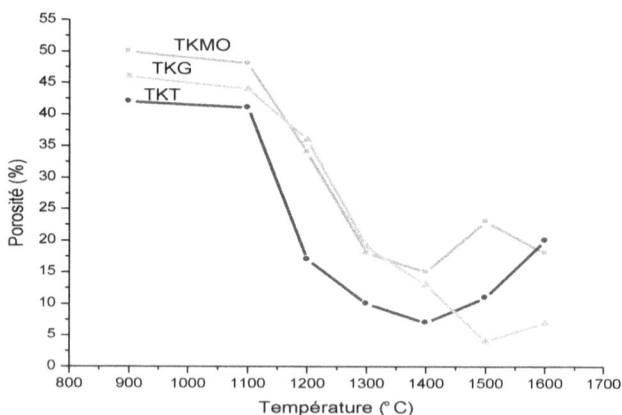

Figure IV.12. Variations de la porosité en fonction de la température de TKMO, TKT et TKG.

La présence du feldspath, de mica et d'impuretés de fer dans les kaolins KT2 et KT3 font diminuer leurs porosités au cours du frittage, car ils favorisent la création de verre. La porosité de ces kaolins est la plus faible de l'ensemble de nos échantillons.

C'est vers 1400 °C et 1500°C que les kaolins TKMO, TKT, TKG et DD2 présentent une porosité de l'ordre de 8 %. La porosité du kaolin DD3 reste la plus élevée, au cours du frittage, Ceci est dû au fait que ce kaolin est très réfractaire et contient moins de phase vitreuse,

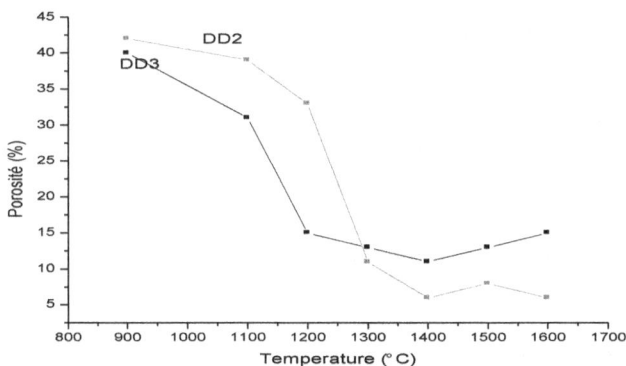

Figure IV.13. Variations de la porosité en fonction de la température de DD3 et DD2.

IV.4 Microstructures des kaolins cuits à 1100 °C et 1300 °C

Les observations de la microstructure des kaolins par microscopie électronique à balayage représentés dans les figures 1 et 2 respectivement pour les températures de 1100 et 1300 °C sont faites directement sur des pastilles prises dans la direction perpendiculaire à la direction de pressage.

IV.4.1 Microstructure des kaolins cuits à 1100 °C

La microstructure du kaolin KT3 montre une surface non homogène, les grains se regroupent en amas réalisant des ponts entre grains et cimenté par la phase amorphe. Nous remarquons en outre la présence de quartz et de feldspaths non encore transformés. La porosité semble importante. La structure de départ des kaolins TKMO, TKT et TKG n'est pas encore perdue, nous remarquons la présence de plaquette de kaolinite à la surface. Les grains se regroupent pour former des amas sur lesquels il y a la phase amorphe qui joue le rôle de liant entre les grains. Une importante porosité est remarquée sur la surface assez homogène de ces échantillons. Les surfaces des échantillons DD3 et DD2 sont assez homogènes, la structure de départ n'est pas encore perdue, nous le remarquons par la présence de plaquettes de kaolinite et d'halloysite non encore transformées. Les grains tendent à s'agglomérer et à se souder les uns les autre par la présence de phase amorphe. C'est le début de la densification de ces deux matériaux.

IV.4.2 Microstructure des kaolins cuits à 1300 °C

Le kaolin KT3 montre une surface homogène sur laquelle il y a formation de bulle de gaz confinés. Nous remarquons aussi la présence de mullite qui s'est formée dans la microstructure. Les kaolins TKMO, TKT et TKG montrent des surfaces homogène, la densification est plus importante par le fait que les grains sont plus soudés par la présence de phase amorphe. Des pores de différentes formes apparaissent à la surface, leurs existence peut être liés à la formation de cristaux de mullite de grande taille suite à un phénomène de dissolution-recristallisation via la phase liquide [22, 23]. Le kaolin DD3 montre une surface homogène les grains sont soudés par la présence de phase amorphes. L'échantillon se densifie, sa porosité diminue. Des aiguilles de mullite se voient à l'intérieur de la fissure causée par la cassure de l'échantillon pour le préparer pour ces observations. L'échantillon DD2 montre une structure ferme et homogène, il y a présence de pores de forme circulaire et allongés parsemés sur toute la surface.

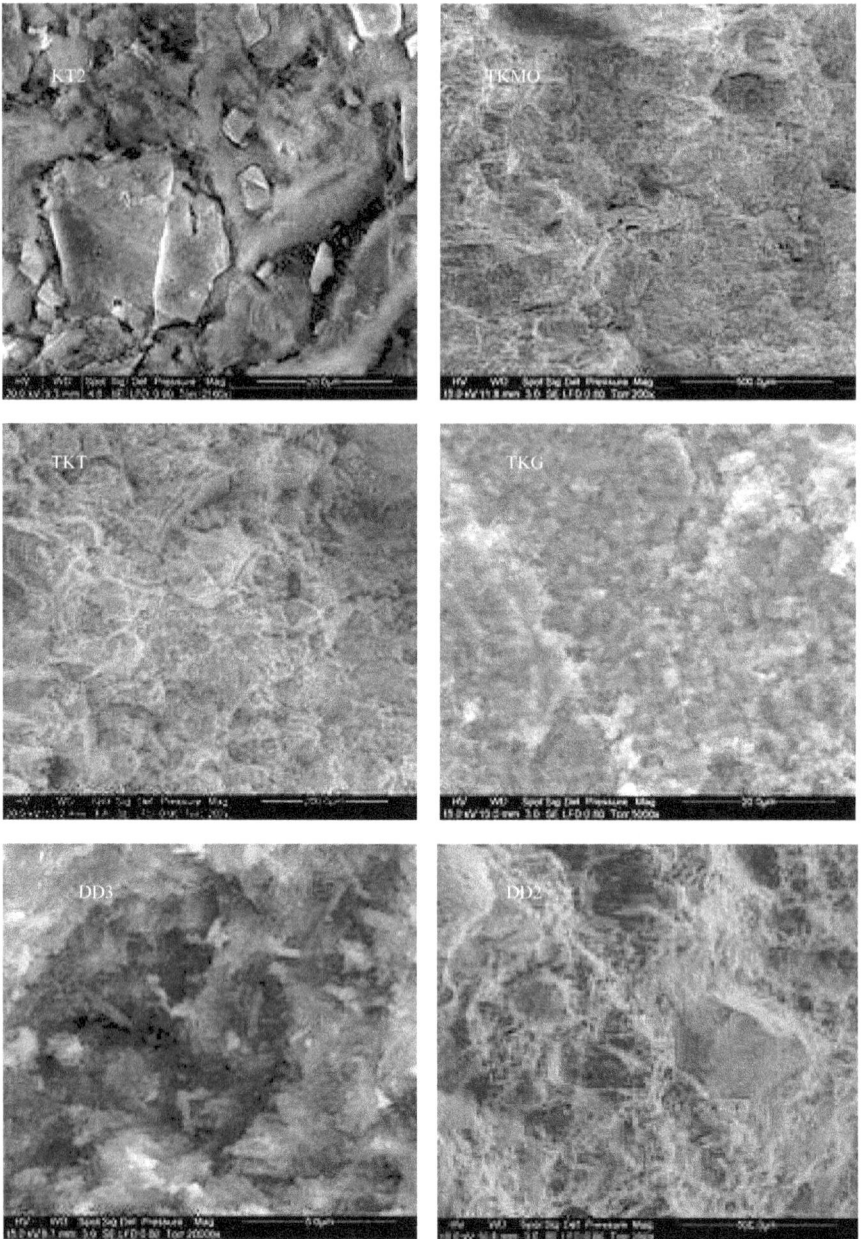

Figure IV.14 Microstructure des kaolins cuits à 1100 °C

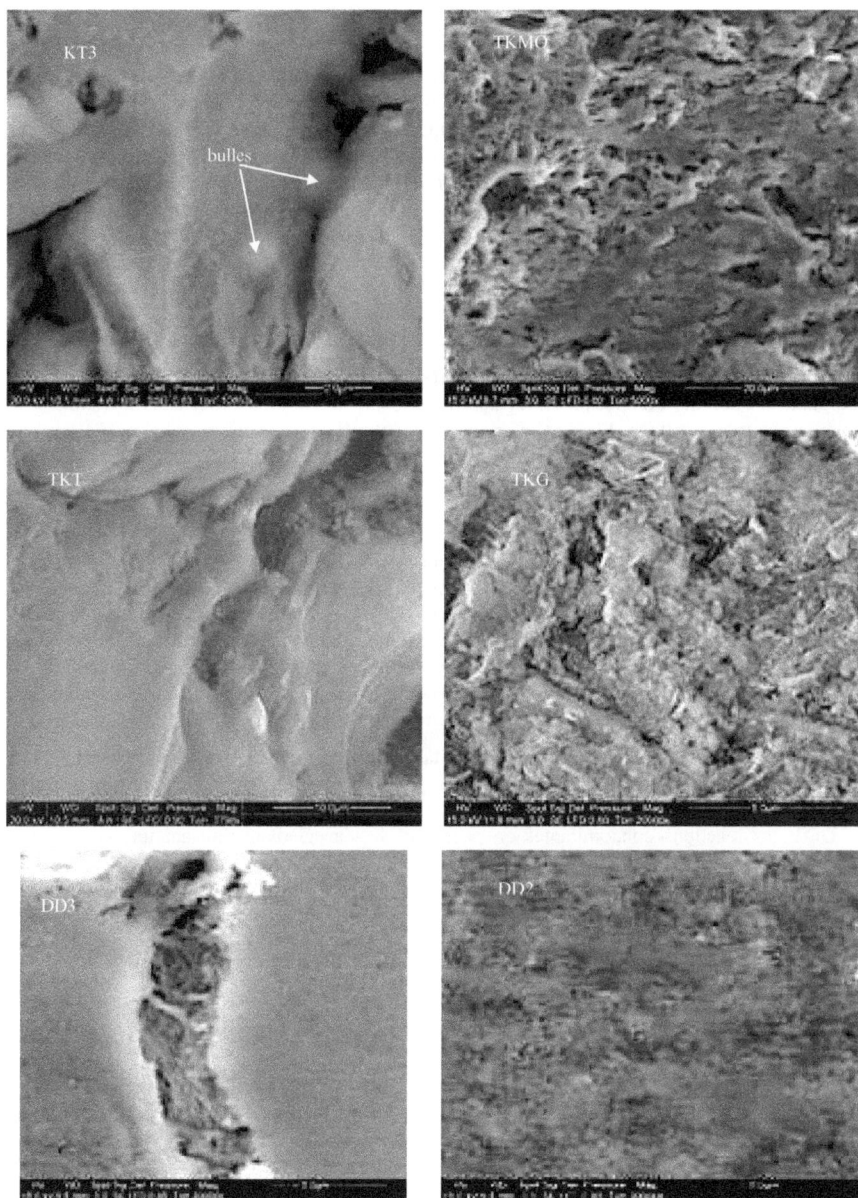

Figure IV.15 Microstructure des kaolins cuits à 1300 °C

Conclusion

Durant le frittage, le comportement des kaolins diffère sur le plan des phases minéralogiques formées, des tailles des cristallites de mullite, des retraits et de leurs densités. Les impuretés minérales marquent leurs influences surtout par rapports aux tailles des cristallites de mullite. Au fur et à mesure que la température augmente, les tailles des cristallites de mullite augmentent. Les feldspaths et l'oxyde de fer conduisent à la formation précoce de mullite qui provoquent la formation d'une importante phase vitreuse dans laquelle la mullite se dissout à 1600 °C. Le rutile et l'anatase participent à la formation de la phase vitreuse lorsque la teneur en alumine n'est pas trop importante, alors que la présence de manganèse semble favoriser le développement de la cristobalite. A partir de 1400 °C les tailles des cristallites de mullite perpendiculaires au plan (110) diminuent alors que celles des autres kaolins riches en rutile et anatase ainsi que le manganèse tendent à devenir plus gros atteignant en moyenne des tailles 0,183 µm à 1600 °C.

La présence simultanée de quartz et de feldspaths permet une absence de retrait jusqu'à 1000 °C. Le taux de kaolinite composant les échantillons jouent un rôle essentiel dans le retrait et la dilatation au cours du frittage, Les kaolins riches en kaolinite et en kaolinite – halloysite tels que TKT et DD3 montrent un plus grand retrait à 1300 °C alors que ceux qui sont riche en kaolinite sans beaucoup d'impuretés tels que TKG et DD2 possèdent un grand retrait qui continue même au delà de 1500 °C. Au delà d'une densification maximale dont la température dépend de la composition des kaolins, les matériaux gonflent : ce phénomène intervient dès 1300 °C pour les kaolins riches en feldspaths, oxydes de fer de titane ou de manganèse, à 1400 °C pour TKMO et TKT. Ce gonflement peut être attribué au phénomène du coeur noir dans le cas de KT2 et KT3 : réduction des oxydes de fer conduisant à la libération d'oxygène, dans un matériau pâteux donc imperméable aux gaz. Cela est repérable par le fait que ces bulles apparaissent au sein de points noirâtres. On constate que TKT relativement pauvre en fer, présente le même comportement par rapport au gonflement, il pourrait être dû à la réduction des oxydes de titane. Ce gonflement n'apparait pas du tout lorsque le taux d'alumine est important comme dans le cas de DD2 et TKG.

La porosité des kaolins est contrôlée par la taille des grains et les flux visqueux formés lors du frittage, en effet les kaolins riches en feldspaths et en fer possèdent une porosité très petite de l'ordre de 4 % (KT2 et KT3). En l'absence de formation de phase liquide comme c'est le cas de TKG, DD2, les réactions concomitantes en phase solide s'accélèrent, réalisant une coalescence entre les grains.

Références bibliographiques

[1] O. Castelein, G. Soulestin, J.P. Bonnet. "Influence of heating rate on the thermal comportment and the mullite formation from a kaolin raw material".Ceramics international .2000.

[2] M.R Anseau, M.Deleter,F.Cambier. "The separation of sintering mechanisms for clay ceramics". Trans.j.Br ceram.soc. Vol 80. pp. 142-146 1981.

[3] F.Cambier, Ilunga.N'dala. M.R Anseau,M.Deleter." Analysis of additives ceramics on the sintering of kaolinite bad ceramics". Silicates industriels. Vol 11 pp 219-225. 1984.

[4] I. Stubna, V. Trovovcova."The effect of texture on thermal expansion of extruded ceramics", Ceramics silikaty, vol 42, n°1, 21-24.1998.

[5] G.Cizeron, "Analyse dilatometrique du comportement thermique des argiles. Industries Céramiques N°795.6/85.1985.

[6] S.M Johnson, J.A Pask, "on impurities of mullites from kaolinite and Al_2O_3- SiO_2 mixtures". Ceram.bul.vol 61. pp838-842.1982.

[7] W.Vedder, R.W.T Wilkins,"Deshydroxylation and rehydroxylation, oxidation and reduction of micas". Am.minr.vol 54 ,.pp 482-509.1969.

[8] H.K Schneider, M.Okada, J. Pask. "Mullite and mullite ceramics", John wiley and sons, Chichister, UK,.pp105-108. 1984.

[9] N.S SORO. " Influence des ions fer sur les transformations thermiques de la kaolinite".Thèse de doctorat de l'Université de Limoges, n°17, 158 p., 2003.

[10] N.Montoya, F. J. Serrano, M. M. Reventós, J. M. Amigo, J. Alarcón, "Effect of TiO_2 on the mullite formation and mechanical properties of alumina porcelain", J.Eur.ceram. Soc. 30, 839-846.2010

[11] Yung-Feng Chen, Moo-Chin Wang, Min-Hsiung Hon, "Phase transformation and growth of mullite in kaolin ceramics" . Journal of the European Ceram Soc 24, 2389-2397.2004.

[12] T Ekström. "The formation of cristobalite in evacuated silica ampoules and the transformation of cristobalite to amorphous silica. Journal of crystal growth." Volume 38, Issue 2, Pages 197–205.1977.

[13] M.F. Zawrah, E.M.A. Hamzawy "Effect of cristobalite formation on sinterability, microstructure and properties of glass/ceramic composites".Ceramics International 28, 123–130.2002.

[14] Ling-Yi Wang & Min-Hsiung Hon "The Effect of Cristobalite Seed on the Crystallization of Fused Silica Based Ceramic Core - A Kinetic Study".Ceramics International 21,187-193.1995.

[15] O. Castelein, R. Guinebretière, J.P. Bonnet, P. Blanchart."Shape, size and composition of mullite nanocrystals from a rapidly sintered kaolin"Journal of the European Ceramic Society 21, 2369–2376.2001.

[16] M. Soriano, Sanchez-Maranon, M. Melgosa, E. Gamiz, R.Delgado. "Influence of chemical and mineralogical composition on color for commercial talcs". Color Res. Appl. 27,430– 440.1988.

[17] Jose M. Amigo, J. Francisco,M. Serrano, Marek A. Kojdecki."X-ray diffraction microstructure analysis of mullite, quartz and corundum in porcelain insulators"Journal of the European Ceramic Society. 25 1479–1486.2005.

[18] P.BOCH. " Frittage et microstructure des céramiques. Matériaux et processus céramiques" / ed. P. BOCH. Paris : Hermès Science Publications, p. 73-112.2001.

[19] NANA KOUM TOUDJI LECOMTE."Transformationsthermiques, organisationstructurale et frittage des composés kaolinite – muscovite". Thèse de doctorat de l'Universitéde Limoges, n°53, 206 p., 2004.

[20] F.GRIDI-BENNADJI."Matériaux de mullite à microstructure organisée composésd'assemblages muscovite – kaolinite". Thèse de doctorat de l'Université de Limoges, n°67,181 p., 2007.

[21] P. Pialy. "Etude de quelques matériaux argileux du site de lembo (cameroun) minéralogie, comportement au frittage et analyse des propriétés d'élasticité". Thèse de doctorat de l'Université de Limoges, n°07, 122 p., 2009.

[22] W.M Carty, U. Senapati."Porcelain-raw materials, processing, phase evolution, and mechanical behavior", J. Am. Ceram. Soc., vol 81, n°1, 3-20.1998.

Chapitre V. Propriétés des produits de cuisson

Introduction

Ce chapitre sera divisé en deux parties. La partie V.I sera consacrée aux propriétés des produits de cuisson des kaolins entre 900 et 1600 °C. Cette étude sera faite sur la détermination des propriétés colorimétriques par spectrocolorimétrie, des propriétés mécaniques en déterminant les modules d'Young par échographie ultrasonore, les contrainte à la rupture en flexion biaxiale, et des propriétés diélectriques (permittivités relatives ε_r et pertes diélectriques tg δ) déterminées à l'aide de l'analyseur d'impédance complexe dans la gamme de fréquence 1MHz et à l'aide de l'analyseur d'impédance dans le domaine de hautes fréquences (10 MHz-1 GHz). La partie V.II sera consacrée à une porcelaine élaborée à partir du kaolin TKT naturellement riche en anatase/rutile issu du bassin des Charentes où les propriétés diélectriques et mécaniques en relation avec la microstructure lui seront consacrées.

V.1. Etude des propriétés colorimétriques des kaolins

Les échantillons de départ (comme a été expliqué au chapitre II (préparation des échantillons) sont des pastilles de forme circulaire. La figure V.1 représente les pastilles des kaolins à l'état naturel. Les paramètres CIEL*a*b*(1976) des pastilles correspondantes sont dressés dans le tableau V.1.

V.1.1. A l'état naturel

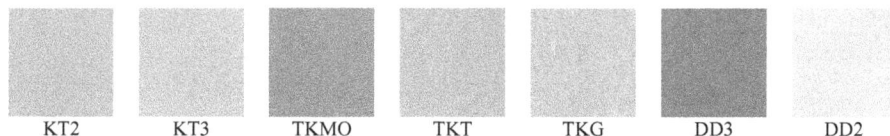

| KT2 | KT3 | TKMO | TKT | TKG | DD3 | DD2 |

Figure V.1 Photos des kaolins naturels

La figure V.1 nous montre une palette de couleurs variées allant de crème foncé (KT2 et KT3), marron foncé (TKMO), crème clair (TKT), gris clair (TKG), gris foncé(DD3) et blanc (DD2). Les compositions chimiques (éléments chromophores) et minéralogiques de chaque échantillon en sont les causes.

Tableau V.1 Paramètres CIEL*a*b*(1976) des kaolins naturels

kaolins	KT2	KT3	TKMO	TKT	TKG	DD3	DD2
L*	82.41	82.93	58.86	79.43	78.89	51.78	96.84
a*	2.90	2.66	1.57	0.92	0.93	0.87	0.32
b*	22.20	22.11	3.92	5.70	5.71	-0.79	1.31

La quantification de ces couleurs (tableau V.1) montre que les clartés les plus élevées sont celles de DD2, KT2 et KT3, bien supérieures aux autres kaolins. Les clartés de TKMO et DD3 sont les plus faibles, respectivement de 58,86 et 51,78. En sont responsables les matières organiques, présentes dans les deux matériaux, mais aussi la todorokite présente dans DD3. Les kaolins TKT et TKG ont des paramètres de clarté intermédiaires et voisins mais TKT est relativement plus clair que TKG.

Les paramètres de chromaticité a* et b* de KT2 et KT3 sont les plus grands indiquant que ces kaolins sont beaucoup plus colorés dans le domaine du rouge (a) et surtout du jaune (b). Cette coloration peut être rapportée à la présence de fer dans la goethite pour le jaune, et probablement à des traces d'hématite pour le rouge. Malgré sa faible clarté TKMO se révèle chromatique avec des valeurs autours du domaine jaune-rouge alors pour DD3 les valeurs sont faibles indiquant qu'il est dans le domaine du gris « pur ». Les phases anatase et rutile présentes dans TKT et TKG font sont responsables du paramètre de chromaticité (b*) de ces deux échantillons. Elles participent aussi sans doute à la chromaticité de TKMO. Le fait que DD2 soit dépourvu d'impuretés se traduit par un blanc pur .

Les silicates d'alumine que sont la kaolinite, et l'halloysite (DD2) d'une part, la gibbsite et la kaolinite (TKG) d'autre part ne comportent pratiquement que peu substitutions Al Fe; Il n'y a donc pas d'éléments chromophores, ils sont naturellement blancs et leur somme joue donc un rôle positif sur la clarté [1].

V.1.2. Après cuisson

Une fois cuites à 900, 1100, 1200, 1300, 1400, 1500 et 1600 °C, les pastilles sont photographiées (Figure V.2) puis leurs paramètres CIEL*a*b* déterminés (Tableau V.2)

Les résultats nous montrent que la cuisson agit positivement sur la clarté : les matériaux cuits sont plus pâles que les produits naturels.

Tableau V.2 Paramètres CIEL*a*b*(1976) des kaolins cuits

Températures °C	CIE L*a*b*	KT2	KT3	TKMO	TKT	TKG	DD3	DD2
25		82,41	82,93	58,86	79,43	78,89	51,78	96,84
900		77,06	77,55	88,33	91,86	96,39	70,44	98,32
1100		79,63	81,94	89,24	92,98	96,77	68,64	98,80
1200	L*	76,70	77,73	91,12	87,96	96,38	62,69	97,76
1300		68,78	68,97	79,04	89,33	96,44	58,36	98,75
1400		72,52	73,10	84,64	79,41	94,91	60,96	91,30
1500		72,18	73,04	79,83	77,12	85,21	73,68	96,23
1600		59,22	61,09	73,23	72,97	87,80	78,83	98,37
25		2,90	2,66	1,57	0,92	0,93	0,87	0,32
900		13,33	13,58	7,14	1,00	0,80	3,51	1,14
1100		9,57	9,02	6,76	0,37	0,40	2,36	0,01
1200	a*	9,64	9,15	2,69	1,21	0,32	3,08	-0,19
1300		-0,58	-0,38	1,25	0,41	-0,13	3,49	0,04
1400		-0,63	-0,67	-0,10	0,94	-0,30	3,03	0,55
1500		-0,27	-0,21	0,70	0,39	1,14	1,05	-0,24
1600		2,82	3,17	1,53	0,39	0,23	0,23	0,45
25		22,20	22,11	3,92	5,70	5,71	-0,79	1,31
900		22,53	23,50	9,57	10,45	4,07	2,66	2,66
1100		15,65	15,24	9,63	8,26	3,18	0,06	2,66
1200	b*	15,46	15,04	8,63	11,28	3,35	3,13	4,20
1300		10,38	10,25	14,81	12,79	3,92	4,72	1,74
1400		8,06	8,26	10,77	9,80	4,17	4,68	4,05
1500		13,67	10,14	14,98	10,80	1,66	3,68	0,31
1600		20,79	22,02	18,83	12,99	3,36	4,98	0,90

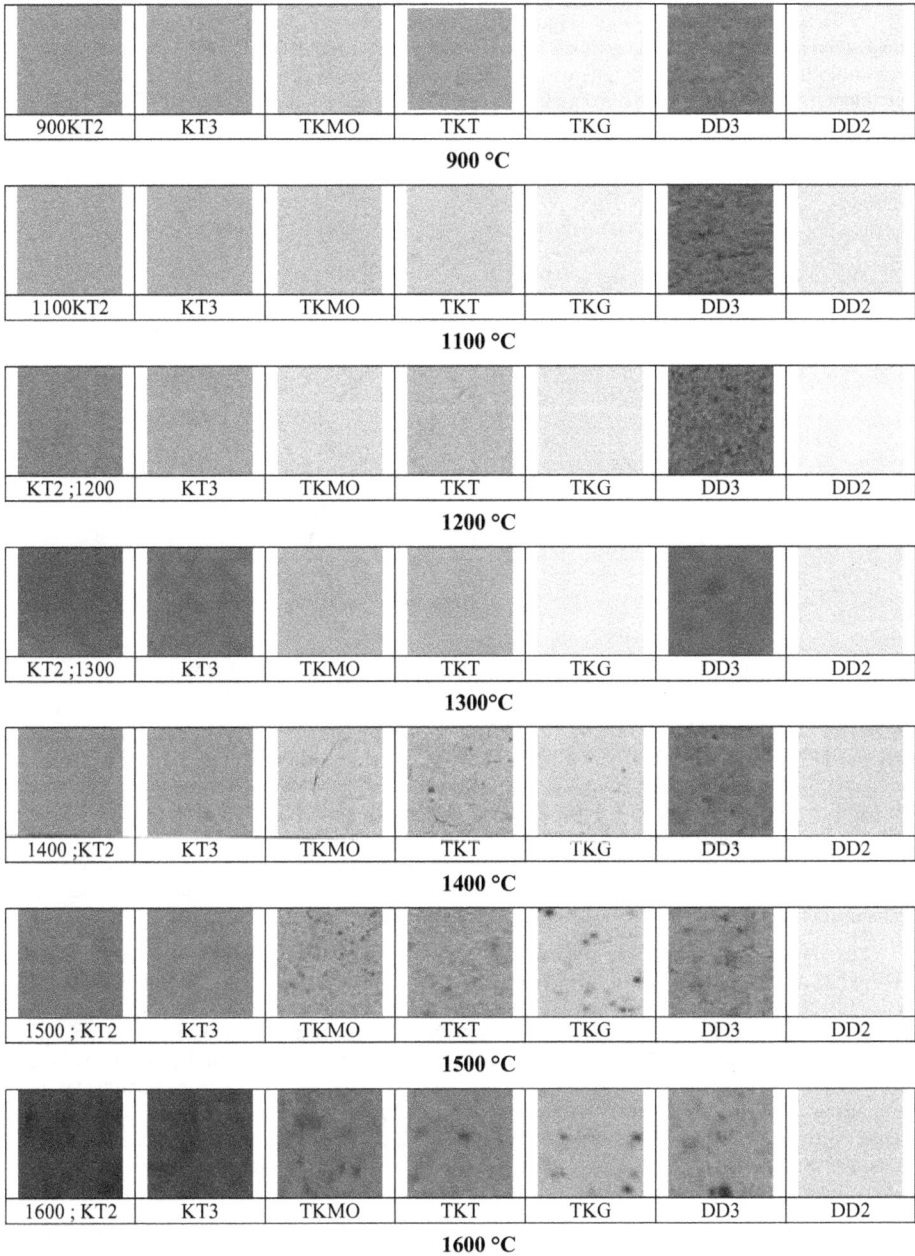

| 900KT2 | KT3 | TKMO | TKT | TKG | DD3 | DD2 |

900 °C

| 1100KT2 | KT3 | TKMO | TKT | TKG | DD3 | DD2 |

1100 °C

| KT2 ;1200 | KT3 | TKMO | TKT | TKG | DD3 | DD2 |

1200 °C

| KT2 ;1300 | KT3 | TKMO | TKT | TKG | DD3 | DD2 |

1300°C

| 1400 ;KT2 | KT3 | TKMO | TKT | TKG | DD3 | DD2 |

1400 °C

| 1500 ; KT2 | KT3 | TKMO | TKT | TKG | DD3 | DD2 |

1500 °C

| 1600 ; KT2 | KT3 | TKMO | TKT | TKG | DD3 | DD2 |

1600 °C

Figure V.2 Photos kaolins cuits (900 à 1600 °C).

La représentation graphique (Figure V.3) des paramètres de clarté (L*) en fonction de l'élévation des températures nous montre que les paramètres de couleur L*, a*, b* des différents échantillons se comportent différemment lors de la calcination, définissant deux domaines. Le premier où la clarté atteint son maximum (900 et 1100 °C), le second, où la clarté diminue (1200 et 1600 °C).

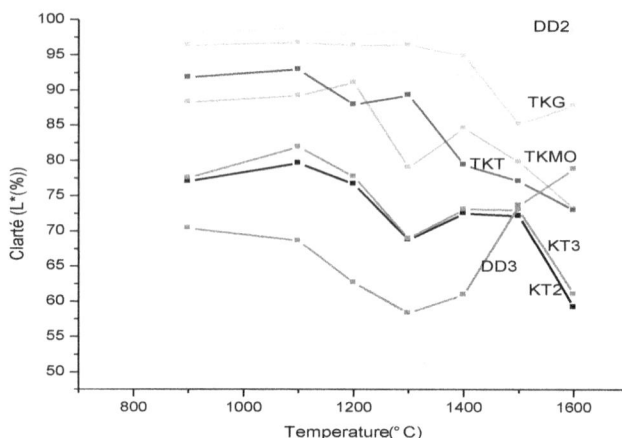

Figure V.3 Paramètres de clarté (L*) en fonction de l'élévation des températures

L'augmentation de la température à 900 °C joue un rôle favorable sur la clarté car celle-ci augmente pour tous les kaolins sauf KT2 et KT3. La combustion des matières organiques (TKMO, TKT et DD3) et la déshydroxylation de la kaolinite influent positivement sur la clarté. Dans ce domaine de température la DRX nous révèle la présence de phase amorphe sur la quasi-totalité des échantillons. Par ailleurs la muscovite, l'orthose et le quartz sont présents (DRX chapitre V) dans KT2 et KT3, ces phases semblent diminuer la clarté de ces derniers. Par ailleurs la présence de verre en quantité croissante avec la température dans les échantillons KT2 et KT3 contribue sans doute à la décroissance de la clarté, par « piégeage » de la lumière. C'est le même phénomène qui fait apparaître gris les quartz limpides, dans un granite ou un gneiss.

Les clartés (L*) de tous les échantillons trouvent leurs valeurs maximums à 1100 °C sauf TKMO et DD3 qui trouvent respectivement leur maximum de clarté à 1200 et 900 °C. Les échantillons TKG et DD2 possèdent les plus fortes valeurs du paramètre L*, dans ce domaine de température (900-1100 °C). Le fait que ces échantillons soient les plus pauvres en ions métalliques de transition pouvant influencer leur chromaticité suffit à expliquer cette clarté. Dans ce domaine de température, la teinte brun-rouge des produits KT2, KT3 et TKMO (valeurs importantes des paramètres a* et b*) est due à la présence de fer sous forme Fe^{2+}. Ce fer provient de la goethite jaune transformée en hématite rouge par déshydratation, du fer en substitution octaédrique dans la kaolinite et dans le mica transformé en oxyde libre lors de la destruction de leurs réseaux par déshydroxylation [2]

La muscovite ($2\theta = 8.87$ °) encore présente à 1100 °C dans le kaolin TKMO (Figure IV.3 ; chapitre IV) influe négativement sur sa clarté, ses paramètres de chromaticités sont accentués. En effet la muscovite est plus chromatique et sombre que la kaolinite car sa structure pourrait accepter des substitutions isomorphiques d'éléments chromophores [1], ceci est directement lié avec la présence des taux relativement important en Fe_2O_3 et K_2O. L'existence de la phase rutile à 1100 °C dans l'échantillon TKMO, semble participer à la diminution de sa clarté en effet, dès sa disparition à 1200°C sa clarté augmente (91,12 %) et ses paramètres de chromaticité sont réduits (a* = 2,69 ; b* = 8,63).

Au-delà de 1100°C les échantillons ont un autre comportement vis-à-vis de la couleur. L'indice de clarté (Tableau V.2) diminue pour les échantillons KT2, KT3 et DD3, par contre l'échantillon TKG et DD2 restent stable jusqu'à 1400 °C et varient peu au delà. C'est à 1300 °C que la clarté des kaolins KT2, KT3, TKMO et DD3 est la plus basse. Au-delà les clartés tendent à augmenter sensiblement une nouvelle fois jusqu'à 1500 °C. A 1600 °C on constate une baisse de clarté pour l'ensemble sauf DD3 qui persiste à augmenter. La clarté des échantillons de TKMO et TKT semble erratique, tantôt elles augmentent, tantôt elles diminuent et ce jusqu'à 1600 °C. La diffraction des rayons X présentés dans les figures V.4 et V.5 respectivement pour TKMO et TKT nous montre que l'apparition de la phase rutile correspond à une diminution de la clarté. Chaque fois que le rutile disparaît la clarté augmente.

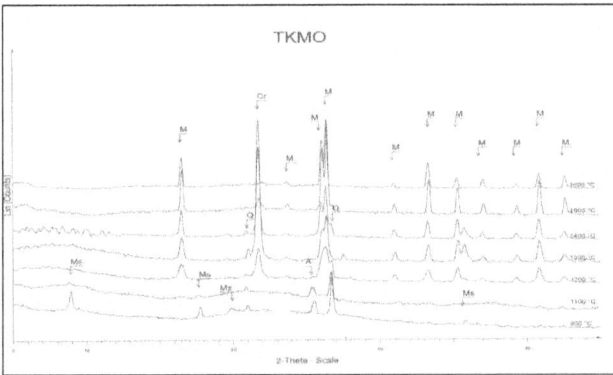

Figure V.4 Diagramme de DRX du kaolin TKMO

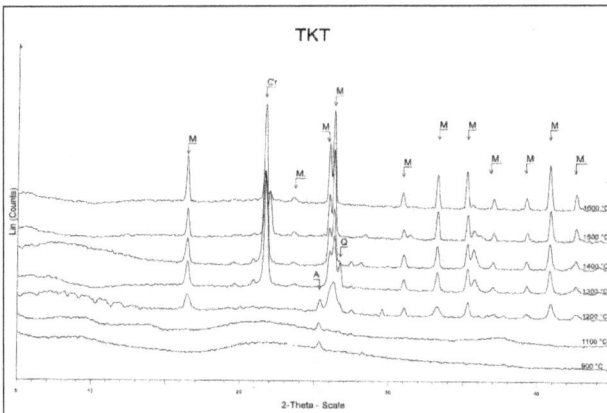

Figure V.5 Diagramme de DRX du kaolin TKT

La présence simultanée de fer et de titane dans les kaolins KT2, KT3, TKMO et TKT cause des transitions Fe^{2+} - Ti^{4+}, leurs présence dans la phase vitreuse, favorise le transfert de charge entre les ions Fe et Ti par un ion oxygène intermédiaire [2] donnant Fe^{2+}-O- Ti^{4+} = Fe^{3+}-O- Ti^{3+}. La quantité de fer peut être minime mais a un effet majeur dans le brunissement de ces kaolins [3]. La transformation de phase anatase-rutile [4] est la cause principale du brunissement des échantillons TKMO et TKT donnant des valeurs chromatiques b* importantes (b*>8). Ceci ne semble pas être le cas pour l'échantillon TKG, peut être du fait des faibles teneurs totales en fer-titane.

Les matières organiques et le manganèse sous forme MnO_2 présents dans l'échantillon DD3 sont les principales raisons de son brunissement (couleur gris foncé). Lors de sa calcination il y'a réduction du Mn^{4+} à Mn^{2+} causant l'amélioration de sa clarté (L* = 60,79), cet effet commence à 1400 °C, ce qui conduit à l'augmentation des paramètres de chromaticité qui tendent dans le domaine des couleurs vives (b* = 4,68).

La détermination des paramètres de blancheur et de teinte respectivement notés W_{10} et $T_{w,10}$ [5,6] sont déterminées en utilisant les relations mathématiques recommandées par la CIE 1986 dans le but de déterminer le domaine de blancheur des kaolins communément appelés kaolins "blancs". Ce calcul concernera seulement les kaolins TKG et DD2. Les valeurs de blancheurs et de teinte utilisent les coordonnées Y,x,y dont découlent des paramètres L*, a*, b* (chapitre II)[5] en utilisant les équations (1) et (2) suivantes :

$$W_{10} = Y_{10} + 800(x_{n10} - x_{10}) + 1700(y_{n10} - y_{10})$$

(1)

$$T_{W.10} = 900 (x_{n10} - x_{10}) - 650 (y_{n10} - y_{10})$$

(2)

Ces équations sont vérifiées à condition que l'équation (3) soit vérifiée

$$W_{10} = (5Y_{10} - 280) > 40$$

(3)

$-4 < T_{w,10} < 2$.

Les résultats des blancheurs et teinte des échantillons TKG et DD2 sont représentés dans le tableau V.3 suivant :

Tableau V.3. Blancheur et teinte (W_{10} et $T_{w,10}$ (CIE 1986)) des kaolins.

Température (°C)	W_{10} et $T_{w,10}$	TKG	DD2
25	W_{10}	23.82	85.68
	$T_{w.10}$	-4.90	-1.63
900	W_{10}	72.28	83.47
	$T_{w.10}$	-3.43	-3.36
1100	W_{10}	77.1	84.71
	$T_{w.10}$	-2.39	-1.56
1200	W_{10}	75.48	75.24
	$T_{w.10}$	-2.37	-1.83
1300	W_{10}	72.91	88.68
	$T_{w.10}$	-1.82	-1.31
1400	W_{10}	67.81	59.62
	$T_{w.10}$	-1.64	-3.11
1500	W_{10}	58.15	55.40
	$T_{w.10}$	-2.63	-0.65
1600	W_{10}	89.13	91.26
	$T_{w.10}$	0.43	-0.89

A l'état naturel, seul DD2 est dans la limite de blancheur recommandée par CIELab (1986) [5] car sa blancheur (W_{10} = 85,68 %) est bien supérieure à 40 et $T_{w,10}$ est située entre -4 < $T_{w,10}$ < -

2, $T_{w,10}$ = -1.63. Après calcination, les blancheurs et teintes des kaolins TKG et DD2 sont largement situées dans le domaine de blancheur recommandé par la Commission Internationale de l'Eclairage. La plus grande blancheur est celle de DD2 à 1600 °C mais avec une légère tendance dans le domaine du rouge, tel que le montre son paramètre de teinte $T_{w,10.}$ = -0.89. La blancheur des kaolins calcinés (900-1100 °C) est très est recherchée pour leurs applications dans le domaine des peintures, papier (couché), cosmétique et pharmaceutiques. La cuisson en hautes températures de ces kaolins n'est pas d'un grand intérêt dans ces domaines d'application. Néanmoins l'industrie céramique et plus particulièrement, la porcelaine et les céramiques techniques recherchent des chamottes blanches.

Comme il a été montré au chapitre IV, la taille des cristallites de mullite évolue avec la température. C'est particulièrement le cas aux hautes températures, cela pour les kaolins les plus riches en silicate d'alumine tels que TKMO, TKT, TKG, DD3 et DD2 dont la taille des cristallites varie entre 0,18 et 0,2 µm à 1600 °C. Une corrélation lie cet accroissement de taille avec le paramètre de clarté des différents kaolins sauf pour DD3, comme on le voit sur la figure V.6 ; ce phénomène est beaucoup plus visible entre 1100-1400 °C.

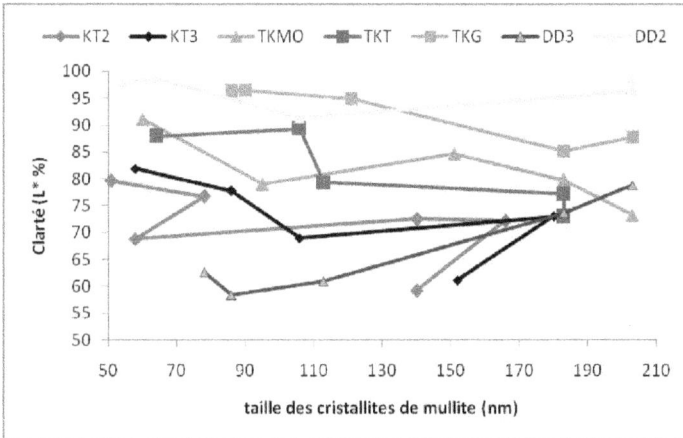

Figure V.6. Influence de la taille des cristallites de mullite sur la clarté L*

Cette corrélation est vérifiée pour tous les kaolins entre 1100 et 1300 °C. Cette croissance des cristallites pourrait être causée par l'incorporation dans la mullite de plusieurs types de cations comme Fe^{3+}, Ti^{4+} et Mn^{4+} [7,8], par substitution à Al^{3+} et Si^{4+}. Ajoutons à cela le fait que la diffusion de la lumière est d'autant plus importante que les cristallites sont petits.

La clarté des kaolins TKG, DD3 et DD2 augmente à partir de 1400°C, ce phénomène est probablement dû à l'état de réduction des ions métalliques de transition (Ti^{4+}-Ti^{2+}, Mn^{4+}-Mn^{2+}, Fe^{3+}-Fe^{2+}) présents dans ces derniers. Ce phénomène est vérifié pour DD2 qui présente une légère tendance rosâtre à partir de 1400 °C, malgré sa teneur en fer très faible (0.04 %), sa clarté diminue (L* =91.3) et ses paramètres de chromaticité augmentent (a* = 0.55, b*= 4.05).

La chromaticité

La représentation graphique des variations du paramètre a* de chromaticité (Figure V.7) en fonction de l'élévation des températures nous montre que le paramètre a* des matériaux KT2, KT3 et TKMO chute entre 1300 et 1400 °C et cela peut s'expliquer par la réduction de l'hématite. L'apparition à 1600 °C d'une nouvelle teinte jaune-rouge pour ces échantillons et TKMO n'a pas reçu d'explication. Pour le matériau DD3, le paramètre a* est stable jusqu'à 1400 °C puis décroît pour tendre vers 0. Le comportement de a* pour TKG, TKT et DD2 est aléatoire, les variations sont faibles et ne peuvent pas être attribuées un élément chimique particulier. La chute du paramètre a* s'accompagne pour KT2 et KT3 d'une diminution du paramètre b*, suivie d'une nouvelle croissance, un jaunissement donc, au-delà de 1400 °C. Dans la mesure où ces échantillons sont les plus riches en fer, ce dernier doit êre impliqué. On peut penser à une réoxydation au sein du verre ou à une exsolution du fer qui était présent en substitution dans la mullite, à l'occasion de la disparition de celle-ci.

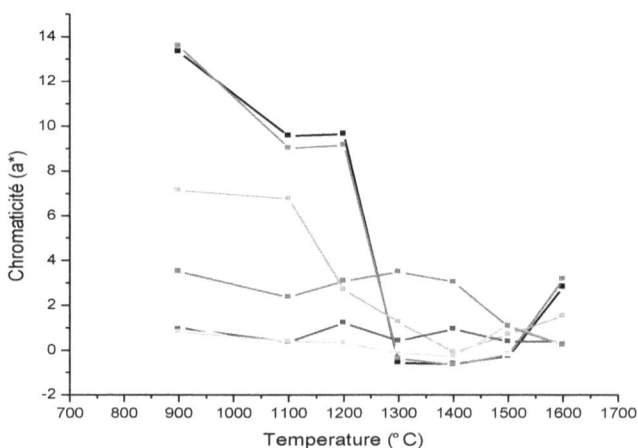

Figure V.7. Variations du paramètre a* en fonction de la température.

La représentation graphique des variations du paramètre b* de chromaticité (Figure V.8) en fonction de l'élévation des températures nous montre que les kaolins des Charentes, TKG, TKT et TKMO et dans une moindre mesure DD3 et DD2 suivent une même évolution avec un b* globalement croissant en fonction de la température. Dans l'échantillon TKMO la présence simultanée de fer et de titane dans une phase vitreuse avec les échanges possibles Fe^{2++}-O- Ti^{4+} = Fe^{3+}-O- Ti^{3+} pourrait être à l'origine de la valeur élevée du paramètre b* à 1600 °C proche de KT2 et KT3 alors que sa teneur en fer est deux fois inférieure. Il n'en est pas de même pour TKT et TKG, pourtant plus riches en titane. On peut penser que la relativement faible teneur en verre et sa viscosité plus élevée n'ont pas permis dans ce cas le contact des éléments fer et titane, initialement présents dans deux minéraux distincts. Les matériaux TKMO et TKT montrent une augmentation du paramètre b* liée aussi sans doute à l'état du fer. Les échantillons deTamazert (KT2 et KT3) présentent les plus grands parametres b* parmis tous les échantillons, et ce de l'état cru à l'etat calciné. Ce paramétre tend à diminuer jusqu'à à 1400 °C pour les deux échantillons,pour augmenter encore plus fort à 1500 et 1600 °C. L'état de valence du fer Fe^{2+} en Fe^{3+} (de l'état oxydé à l'état réduit) en est certainement la cause, par ailleure la présence de cristobalite (chapitre IV) dans le kaolin KT3 à 1500 °C joue un rôle dans la diminution de la valeur de ce parametre (13,22 pour KT2 contre 10,55 pour KT3).

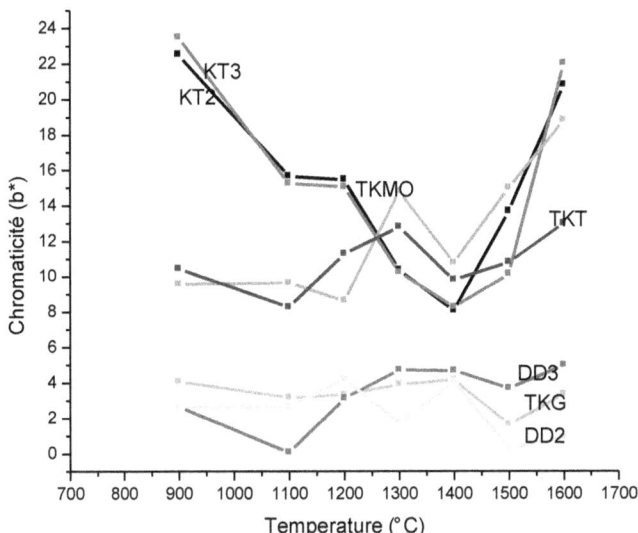

Figure V.8. Variations du paramètre b* en fonction de la température

V.2. Propriétés mécaniques des kaolins cuits

Les propriétés mécaniques des kaolins cuits sont déterminées à 1100 °C et 1300 °C par deux méthodes. L'échographie ultrasonore qui nous donne le module d'élasticité ou module d'Young et l'essai de flexion biaxiale qui nous donne la contrainte limite à la rupture par flexion.

V.2.1. Modules d'Young

Tableau V.4. Modules d'Young (GPa) des différents kaolins à 1100 et 1300 °C.

	KT2	KT3	TKMO	TKT	TKG	DD3	DD2
E_{1100}	26.54	27.99	21.31	14.72	20.98	21.03	19.52
E_{1300}	43.10	43.90	50.21	43.14	43.21	34.16	33.52

Le tableau V.4 montre que c'est le kaolin TKT qui présente la plus faible valeur du module d'Young (14.72 GPa) alors que le kaolin KT3 présente la plus haute valeur (27.99 GPa). Les kaolins TKMO, TKG et DD3 ont un module d'Young sensiblement proche. A 1300 °C les modules d'Young de tous les kaolins ont augmenté.

Les fortes valeurs des échantillons KT2 et KT3 dès 1100 °C s'expliquent vraissemblablement par le développement précoce de la mullite dont le module est de 220 GPa. Le développement de la mullite avec l'évolution de la température (cf ch IV) est à l'origine de l'augmentation des propriétés mécaniques de l'ensemble des kaolins à 1300 °C.

Le module d'Young apparent d'un échantillon dépendant fortement de sa compacité, une corrélation doit exister entre E et la densité apparente observée. C'est effectivement le cas comme on le voit sur la figure V.9 suivante.

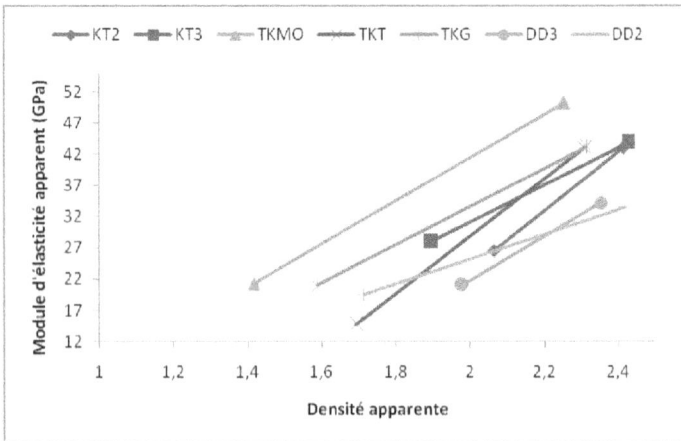

Figure V.9. Module d'Young en fonction de la densité apparente des kaolins (1100-1300 °C).

Nous avons calculé le module d'Young corrigé de la porosité selon la formule proposée par Pabst [9,10] pour π supérieur à 15 % en utilisant l'équation 4.

$$Ec = \frac{Eexp}{\exp\left(-n \cdot \pi / 1 - \pi\right)}$$ ....Equation 4

Avec π : porosité et n= 2.2

Ce module concerne directement le squelette de la matière fritée. Les résultats sont représentés dans le tableau V.5.

Tableau V.5. Modules d'Young E_c corrigé de la porosité (GPa) des kaolins à 1100 et 1300 °C

	KT2	KT3	TKMO	TKT	TKG	DD3	DD2
E_{1100}	56.21	76.13	162.35	66.92	122.09	56.01	79.62
E_{1300}	48.65	50.27	81.60	55.30	72.06	48.32	43.52

A 1100 °C les kaolins TKMO et TKG ont des modules corrigés qui paraissent très grands par rapport aux autres kaolins. Ce sont ceux dont la porosité est la plus importante, de 48 et 41 % respectivement pour TKMO et TKG, soit pratiquement le double des valeurs des autres échantillons. Il semble y avoir « surcorrection » par la porosité en utilisant la formule proposée. De plus selon ces résultats les modules diminueraient avec la température de frittage ce qui paraît anormal. On peut cependant remarquer que les deux valeurs surcorrigées concernent deux matériaux qui ont en commun une porosité distincte de celle des autres kaolins (due pour l'un aux matières organiques pour l'autre à la gibbsite), qui pourrait être responsable d'une contribution différente au module d'Young.

Avec les résultats des modules d'Young à 1300 °C, on voit que mis à part les deux échantillons cités ci-dessus, TKMO et TKG, les valeurs du module sont peu différentes. Tout au plus nous pouvons constater que la valeur la plus faible concerne DD2 dont la matrice vitreuse est la moins développée.

V.2.2. Contraintes à la rupture en flexion

Les contraintes à la rupture en flexion des différents kaolins sont présentées dans le tableau V.6. A 1100 °C les valeurs sont comprises entre 5 et 30 MPa soit une variation de 1 à 6. A 1300 °C ces valeurs ont augmenté et l'écart s'est réduit, de 1 à 3 environ. A 1100 °C comme à 1300 °C ce sont les matériaux KT2, KT3 et TKMO qui ont les contraintes à la rupture les plus importantes, suivies de DD3. Les plus faibles valeurs correspondent à TKG), suivi par DD2 et TKT. Le classement n'est pas modifié par la température de frittage. Cependant alors que les résistances de KT2, KT3 et TKMO doublent entre 1100 et 1300 °C, TKT et DD2 voient leur performance tripler et TKG quadrupler. La formation de la mullite dans les kaolins KT2 et KT3 à 1100 °C semble être l'un des facteurs influençant l'évolution de la contrainte à la rupture. En effet KT2 et KT3 sont les seuls matériaux à avoir développé de la mullite dès 1100 °C. Au delà de 1100 °C, la présence de phase liquide accélère la formation de mullite et permet une meilleure consolidation. Pour TKG et DD2 l'absence de phase vitreuse explique leurs mauvais comportements mécaniques à 1100 °C comme à 1300 °C.

Tableau V.6. Contraintes à la rupture en flexion (MPa) des kaolins à 1100 et 1300 °C

	KT2	KT3	TKMO	TKT	TKG	DD3	DD2
F_{1100}	29,54	26,76	19,70	8,36	4,75	15,40	7,52
F_{1300}	69,84	57,86	41,36	26,94	20,13	29,97	22,88

V.3. Propriétés diélectriques des kaolins cuits

Les propriétés diélectriques des différents kaolins sont déterminées à 1100 et 1300 °C. Les résultats sont des permittivités relatives (à l'air) εr, leurs variations sont représentées sur les figures V.10 et V.11 et dans le tableau V.7. Vu que nos kaolins présentent des porosités importantes (notamment à 1100 °C) par rapport à ceux de la littérature, une formule de calcul de la permittivité relative corrigée à été utilisée (équation 5). Les résultats sont représentés dans le tableau V.9. Les pertes diélectriques caractérisées par l'angle de perte tan δ sont représentées dans le tableau V.10.

$$\varepsilon_{exp} = \varepsilon_c * (1 - \pi) + \pi$$

Les valeurs des permittivités relatives des différents échantillons sont bien plus élevées à 100 KHz que pour les hautes fréquences. La plus grande valeur à 1100 °C est celle de KT2 (ε_r= 9.22) et la plus petite celle de DD2 (ε_r = 3.96) Les autres kaolins présentent des valeurs intermédiaires (4 < ε_r < 8). Lorsque la température évolue à 1300 °C, les permittivités relatives augmentent (essentiellement à 100 KHz). A 1300 °C KT2 et KT3 possèdent la plus grande valeur de la permittivité relative (ε_r= 9.7 et 9.07) et DD2 toujours la plus basse (ε_r= 4.29), les autres kaolins variant entre 5 et 7. Lorsque la fréquence augmente les permittivités diminuent car le déplacement des électrons se fait rapidement dans le domaine des hautes fréquences.

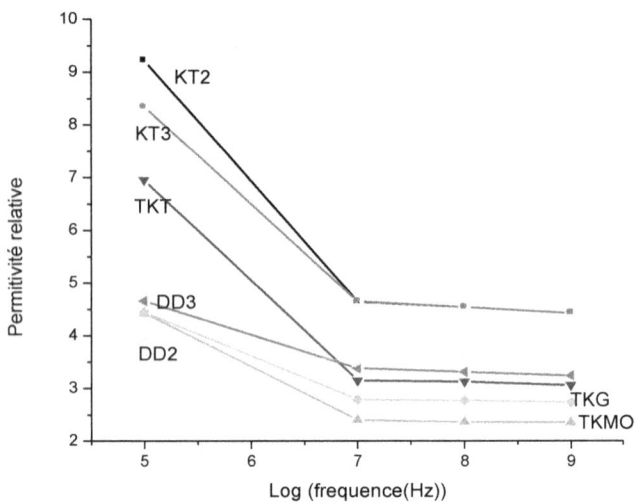

Figure V.10. Variation de la permittivité relative en fonction de la fréquence à 1100°C.

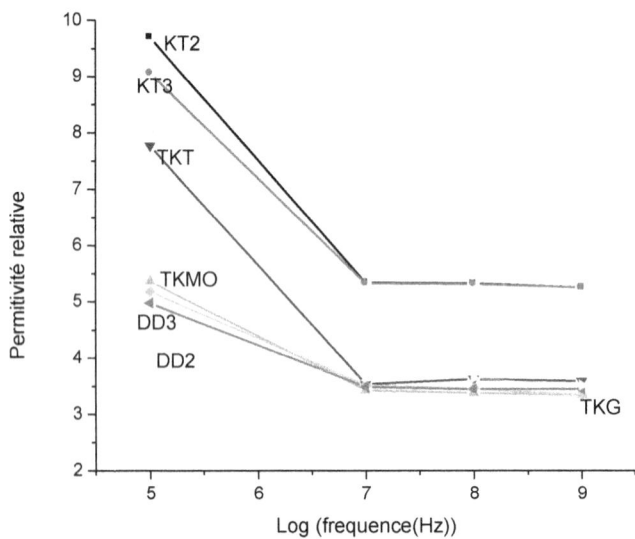

Figure V.11. Variation de la Permittivité relative en fonction de la fréquence à 1300°C.

Tableau V.7. Permittivités relatives (100 KHz) des kaolins cuits à 1100 et 1300 °C

	Log f	KT2	KT3	TKMO	TKT	TKG	DD3	DD2
	5	9,22	8,34	4,42	6,95	4,45	4,65	3,96
1100 °C	7	4,65	4,65	2,40	3,15	2,79	3,38	3,50
	8	4,54	4,54	2,36	3,13	2,77	3,31	3,55
	9	4,43	4,43	2,35	3,06	2,74	3,24	3,51
	5	9,70	9,06	5,36	7,77	5,18	4,98	4,29
1300 °C	7	5,33	5,32	3,42	3,53	3,51	3,48	3,65
	8	5,32	5,31	3,37	3,62	3,45	3,44	3,64
	9	5,25	5,25	3,34	3,58	3,34	3,44	3,51

Ces variations sont liées à la microstructure et aux phases présentes. Ces différentes phases des kaolins cuits à 1100 et 1300 °C sont présentées dans le tableau V.8. La présence de feldspath dans les kaolins KT2 et KT3 (1100 °C) permet la formation de la phase vitreuse, celle-ci est considérée comme un isolant possédant une permittivité relative variant entre 4 et 8. En outre la présence de quartz ((ε_r= 5) et de mullite (ε_r= 6 à 8) pourrait participer à l'augmentation de la permittivité relative de ces deux kaolins. La dissolution partielle des oxydes métalliques (tel que le fer) dans la phase vitreuse, limite sa diffusion. La permittivité relative ne serait plus influencée par cette fraction dissoute.

Dans les autres kaolins (TKMO, TKT, TKG), la mullite n'est pas encore formée à 1100 °C. Seule la phase amorphe et les pics caractéristiques d'anatase et de rutile sont présents. La présence simultanée d'anatase et de rutile dans les kaolins TKMO, TKT et TKG (0,8 2,04 et 0,63 % respectivement) explique la permittivité relative à 4,42, 6.95 et 4.45 respectivement à 100 KHz. Par ailleurs le manganèse probablement dissous dans la phase amorphe du kaolin DD3 ne semble pas avoir une grande influence sur la permittivité relative, dans la mesure où les valeurs de DD2 et DD3 sont proches à 100 KHz.

A 1300°C, le comportement des kaolins vis-à-vis des permittivités relatives est différent. Le changement dans la microstructure et la porosité jouent un rôle dans ces résultats. A 100 KHz, les permittivités relatives de KT2 et KT3 sont proches et restent plus grandes que celle des autres kaolins. La diminution de la porosité, la présence de la mullite, l'augmentation des tailles des cristallites de mullite (de 58 à 133 nm) perpendiculairement aux plans 110 participent à cette augmentation. La teneur en Fe_2O_3 (2.39 et 2.29 % respectivement pour KT2 et KT3) n'est pas suffisante pour diminuer cette permittivité du fait probable de sa dissolution partielle dans la phase vitreuse. La présence de cristobalite, de quartz et de mullite dans les kaolins TKMO et TKG augmenterait la permittivité relative de ces kaolins. A 1300 °C la permittivité relative des kaolins DD3 et DD2 à relativement augmenté par rapport à celles de 1100 °C, ceci est dû au fait qu'il y a présence de cristobalite et de mullite et aussi diminution de la porosité.

Tableau V.8. Les Phases minéralogiques présentes à 1100 et 1300 °C.

	KT2		KT3		TKMO		TKT		TKG		DD3		DD2	
T (°C)	1100	1300	1100	1300	1100	1300	1100	1300	1100	1300	1100	1300	1100	1300
Muscovite					X									
Quartz	X	X	X	X	X	X		X						
Feldspaths	X		X											
Anatase					X		X		X					
Rutile					X	X	X		X					
Mullite	X	X	X	X		X		X		X		X		X
Cristobalite						X				X		X		X
Phase amorphe	X		X		X		X		X		X		X	

115

Les permittivités corrigées (100 KHz) de la porosité figurent dans les tableaux V.12 et V.13 respectivement à 1100 et à 1300 °C montre que les kaolins KT2, KT3 et TKT possèdent les plus fortes valeurs. Celles des autres kaolins sont situées entre 5 et 7. Les kaolins KT2, KT3 et TKT sont donc de bonnes matières premières pour la fabrication de très bons isolateurs, A de plus hauts fréquence les permittivités relatives corrigées diminuent quand la température augmente.

Tableau V.9. Permittivités relatives corrigées (100 KHz) de la porosité à 1100 et 1300 °C

	Log f	KT2	KT3	TKMO	TKT	TKG	DD3	DD2
	5	12,02	11,68	7,58	11,04	7,21	6,28	5,85
1100 °C	7	5,89	6,31	3,82	4,63	4,90	4,44	5,10
	8	5,74	6,15	3,74	4,60	4,86	4,34	5,18
	9	5,60	5,99	3,72	4,48	4,79	4,24	5,11
	5	10,18	9,56	6,32	8,53	6,20	5,59	4,68
1300 °C	7	5,57	5,59	3,95	3,82	3,79	3,86	3,96
	8	5,56	5,58	3,89	3,92	3,72	3,81	3,95
	9	5,48	5,51	3,86	3,87	3,85	3,81	3,81

Les pertes diélectriques présentées dans le tableau V.10 montrent que les permittivités diminuent globalement entre 1100 et 1300 °C Cela est dû pour l'essentiel à la diminution de la porosité à 1300 °C. Les pertes diélectriques sont plus grandes dans les basses fréquences (100 MHz) que dans les hautes fréquences, quelle que soit la température de cuisson et la nature du kaolin. Cela ne peut être attribué à la présence d'impuretés au sein de nos matériaux puisque cela concerne indistinctement tous les kaolins.

Les ions alcalins sont généralement la cause essentielle de fortes valeurs de l'angle de perte car ils peuvent devenir mobiles sous l'effet des hautes fréquences. C'est sans doute la raison pour laquelle les kaolins KT2 et KT3 possèdent les plus grands angles de perte à 1100 °C. On peut aussi penser à la formation de cristaux semi-conducteurs tels que la mullite pouvant incorporer les impuretés. La concentration, la taille, la distribution et la forme des phases cristallines dans la matrice vitreuse influencent les pertes et les constantes diélectriques [10, 11, 12]. Les joints de grains entre cristaux de mullite sont considérés comme étant des chemins qui permettent la dissipation du courant, ce qui peut faire augmenter les pertes diélectriques de nos kaolins (KT2 et KT3) notamment à 1100 °C. Toutefois les pertes diélectriques sont beaucoup plus élevées que celles rencontrées dans les matériaux céramiques (porcelaines) utilisées dans les diélectriques qui sont généralement plus petites que 10^{-3}.

Tableau V.10. Pertes diélectriques (tangδ) des kaolins à 1100 et 1300 °C en fonction de la fréquence (Hz)

T (°C)	Log f (Hz)	KT2	KT3	TKMO	TKT	TKG	DD3	DD2
	5	0.160	0.150	0.020	0.020	0.010	0.026	0.090
1100	7	0.140	0.130	0.070	0.010	0.090	0.014	0.040
	8	0.180	0.160	0.170	0.150	0.130	0.150	0.100
	9	0.090	0.070	0.070	0.050	0.060	0.060	0.040
	5	0.001	0.001	0.050	0.090	0.060	0.010	0.005
1300	7	0,005	0.005	0.010	0.010	0.050	0.001	0.005
	8	0,007	0.007	0.140	0.100	0.140	0.070	0.007
	9	0,002	0.003	0.160	0.133	0.040	0.060	0.002

La représentation graphique (Figures V12 et V13) des pertes diélectriques à 1100 et 1300 °C des différents kaolins en fonction de l'élévation des fréquences appliquées nous montre clairement qu'elles diminuent en fonction de l'élévation des fréquences jusqu'à 10 MHz pour tous les kaolins sauf TKMO et TKG, celles-ci tendent à augmenter à 100 MHZ puis diminuent à 1 GHZ et ce à

1100 °C. Dans ce domaine de température, l'existence des phases cristallines (quartz, muscovite, anatase et rutile) dans le kaolin TKMO et l'anatase, rutile dans TKG sont responsables de l'augmentation des pertes diélectriques dans la gamme de fréquence de 100 MHZ. L'hétérogénéité de la microstructure semble participer à cette augmentation. Ce qui ne semble pas être le cas pour TKT du fait de sa teneur importante en anatase/rutile qui parfois joue le rôle de modificateur de réseau pouvant intervenir dans la formation d'une phase vitreuse engendrant un abaissement de ces pertes diélectriques. Le kaolin de Djebel debbagh riche en manganèse (DD3) a le même comportement que le kaolin riche en anatase (TKT).

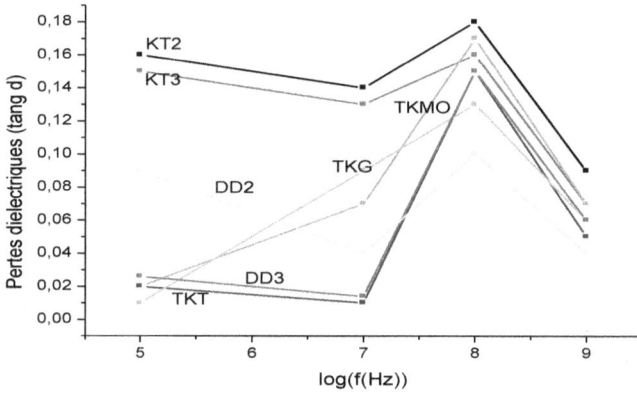

Figure V.12. Pertes diélectriques des kaolins en fonction des fréquences à 1100 °C.

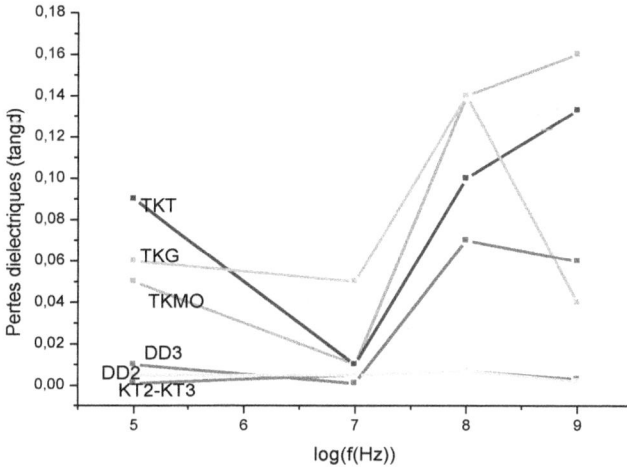

Figure V.13. Pertes diélectriques des kaolins en fonction des fréquences à 1300 °C.

A 1300 °C la microstructure et les phases cristallines formées telles que la mullite   la cristobalite ainsi que le quartz résiduel jouent un rôle dans ces pertes diélectriques. Elles sont les moins importantes dans les kaolins KT2, KT3 DD2 et DD3 ; ceci est dû probablement à l'importance de la phase vitreuse dans les kaolins de Tamazert (du fait de la présence des feldspaths) et à l'existence de la cristobalite au sein des kaolins de Djebel Debbagh (DD2 et DD3). La plus importante perte diélectrique est celle de TKT à 100 KHz et les plus faibles sont celles de KT2 et KT3. A 10 MHz les pertes diélectriques de tous les kaolins diminuent à l'exception des kaolins DD2, KT2 et KT3 dont les pertes diélectriques restent stables dans le domaine des hautes fréquences. Ces pertes tendent à augmenter au-delà de cette fréquence pour les kaolins (TKMO, TKT, TKG et DD3) pour atteindre en moyenne des valeurs variant entre 0.08 et 0.14. Notons que le kaolin TKG observe une diminution rapide de ces pertes à 1 GHz. Ces changements de pertes diélectriques lors de l'augmentation des fréquences sont contrôlés par les mécanismes de polarisation ioniques et électroniques [13,14] qui sont mis en évidences dans les kaolins hyper-alumineux des charentes où le frittage se passe en solution solide.

V.4. Elaboration d'une porcelaine diélectrique à base du kaolin TKT

Les kaolins sont largement utilisés dans l'industrie céramique et dans la fabrication des porcelaines en vue de leur utilisation dans les matériaux électroniques, électrotechniques et des condensateurs hautes tensions [15]. La proportion du kaolin dans ces porcelaines dépasse parfois les 50 % en masse. La quantité de TiO_2 dans les kaolins est comprise entre 1.5 et 3.5 %, généralement sous forme anatase, mais des quantités mineures de rutile et de brookite peuvent coexister dans cette matière première [16]. La cuisson des porcelaines conduit à un agrégat de cristaux de quartz et de mullite noyés dans une matrice vitreuse [17]. En plus de ces phases lorsque le traitement thermique est prolongé on retrouve des cristaux de cristobalite accompagnés d'oxydes métalliques [18]. Les propriétés diélectriques des porcelaines telles que la permittivité et le facteur de perte (tan δ) dépendent des caractéristiques de ces phases [19]. La phase vitreuse dans les porcelaines est dérivée de l'ajout des feldspaths, elle a une faible conductivité [20]. La cristobalite et le quartz sont des phases de faibles pertes diélectriques [21], la mullite possède une perte relativement élevée qui varie selon ses défauts et ses caractéristiques [22] (primaire, secondaire). A de hautes fréquences les permittivités relatives tendent à diminuer, ceci est en relation directe avec la mobilité des électrons existant dans la structure des matériaux.

Les propriétés mécaniques des porcelaines dépendent du taux de mullite, de la morphologie des particules de quartz, du taux de la phase amorphe et de la porosité. La mullite dont le module d'Young est de 220 GPa cristallise et peut contribuer à l'augmentation des propriétés mécaniques du matériau.

Le choix du kaolin TKT pour l'élaboration d'une porcelaine diélectrique a été guidé par sa minéralogie et sa composition chimique qui semblent intéressantes du fait qu'il est riche en kaolinite et qu'il renferme un taux important d'anatase et de rutile simultanément. A cela s'ajoute son comportement pendant la calcination, laissant apparaitre que dans ce kaolin l'anatase ne se transforme pas en rutile vers les températures 700-800 °C comme dans le cas d'une anatase pure mais bien au-delà. Ces caractéristiques semblent intéressantes pour une application dans le domaine des porcelaines diélectriques qui exigent des permittivités relatives importantes.

V.4.1. Procédés d'élaboration de la porcelaine à base du kaolin TKT

Les matières premières composant cette porcelaine sont tamisées à sec à 63 µm. Après homogénéisation du mélange, des pastilles de différents calibres (10 mm et 30 mm de diamètre) sont pressées à 50 MPa à l'aide d'une presse hydraulique. Deux types de porcelaine sont élaborés à partir du kaolin TKT. Le premier type nommé " porcelaine commune" est obtenu à partir de 50 % de kaolin TKT auquel on a rajouté 30 % de feldspath et 20 % de sable. Le second type de porcelaine "porcelaine chamottée" est élaboré en utilisant les mêmes proportions de matières premières (50, 30, 20), mais le kaolin TKT est enrichi avec 10 % de poudre d'anatase (pureté 99.98 %, laboratoire MERCK). Le mélange intime kaolin et anatase est réalisé en présence d'eau dans un broyeur planétaire pendant 30 mn pour composer une barbotine ; celle-ci est ensuite séchée à 105 °C pendant 24 heures. Ce mélange est alors calciné à 1300 °C pendant 30 mn pour composer une chamotte (KC).

Les étapes d'élaboration des deux types de porcelaine sont résumées dans le schéma technologique de la figure V.14 ci-contre

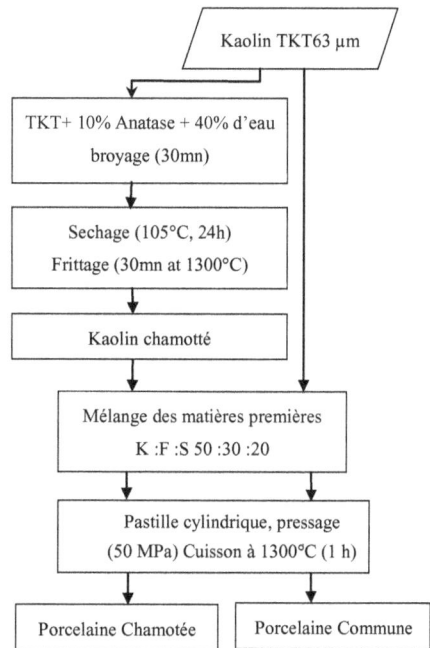

Figure V.14. Schéma des étapes d'élaboration des porcelaines

Les différents échantillons sont cuits dans un four de type Nabertherm, la cuisson comporte une montée en température de 10 °C/mn jusqu'à 1300 °C un palier de cuisson d'une heure puis un refroidissement rapide de l'ordre de 5 °C/min.

Les compositions chimiques de différentes matières premières sont déterminées par fluorescence X. L'analyse quantitative des phases présentes dans les différentes porcelaines (mullite, quartz, cristobalite et rutile) est faite par DRX par la méthode de l'étalon interne (NaF). Le rapport des hauteurs des pics de mullite (121), quartz (112), cristobalite (101), anatase (101), rutile (110) à celui de NaF (200-202) est proportionnel à la quantité de chacune des phases correspondantes. La quantité de phase amorphe est déduite de la somme des différentes phases retranchées à 100. Le calcul direct de la taille des cristallites d'anatase $(\perp 101)\beta_{101}$ et du rutile $(\perp 110) \beta_{110}$ est obtenu en utilisant la formule de Scherrer déjà citée.

La microstructure, la morphologie et la taille des particules sont observées au MEB. Les échantillons ont été polis avec du papier abrasif (SiC) puis avec de la pâte diamantée (de différents grades), avant un traitement avec HF (10 %) pendant 1 minute. La détermination des densités apparentes est réalisée grâce à la méthode par immersion (méthode d'Archimède) et la densité absolue est mesurée en utilisant le pycnomètre à gaz. Ces deux paramètres nous ont permis de déterminer la porosité totale des différents échantillons. La composition chimique et minéralogique des matières premières de base sont dressées dans le tableau V.11 suivant :

Tableau V.11. Compositions chimiques (% pondéral) des matières premières. n.d: non décelé

Oxydes %	SiO_2	Al_2O_3	Fe_2O_3	MnO	MgO	CaO	Na_2O	K_2O	TiO_2	P_2O_5	LOI
KT	42,40	37,84	0,55	0,07	0,05	0,26	0,03	0,02	1,99	n.d.	16,78
Feldspath	74,60	12,97	1,73	0,04	0,41	1,08	3,75	4,64	n.d.	0,03	0,72
Sable [23]	80,98	11,93	0,77	n.d.	0,24	0,18	0,25	3,46	0,26	0,04	1,88

Tableau V.12. Composition minéralogique des matières premières. % pondéral pour TKT, XX : majoritaires, X : présent, a : absent

Minéraux	kaolinite	quartz	muscovite	orthose	albite	gibbsite	anatase/ rutile
TKT	93	a	a	a	a	3	2
Feldspath	X	X	X	XX	XX	a	a
Sable	a	XX	X	X	a	a	a

Le kaolin TKT a été présenté au chapitre III. Le feldspath utilisé est mixte, potassique et sodique. Le sable est un rejet issu du traitement du kaolin KT2, il est riche en quartz et en feldspaths [23] potassique. Les diagrammes X de ces matières premières utilisés sont dressés dans les figures V.15 et V.16 respectivement pour les feldspaths, le sable et le kaolin TKT.

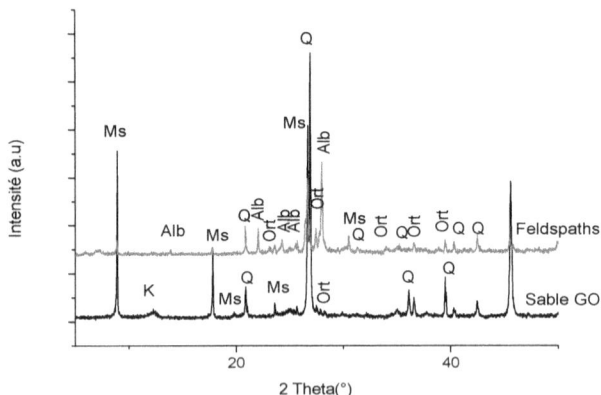

Figure V.15. Diagramme de diffraction X des feldspaths et sable utilisés dans la porcelaine.

Ms : muscovite, K : kaolinite, Q : quartz, Alb : albite, Ort : orthose).

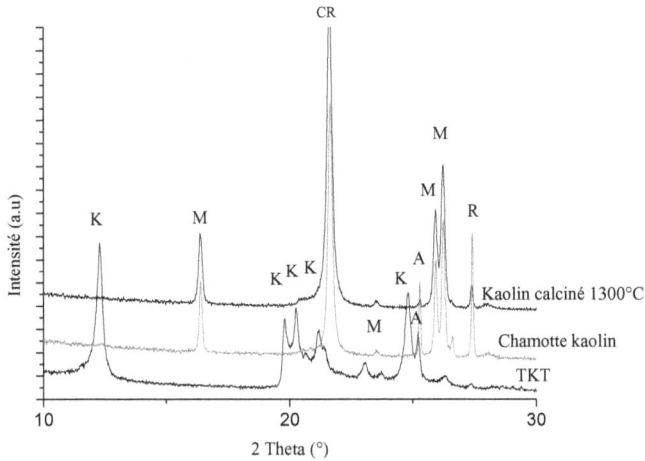

Figure V.16. Diagramme de diffraction X des kaolins utilisés pour la porcelaine

K : kaolinite, CR : cristobalite, A : anatase, R : rutile)

Les diffractogrammes X relatif aux kaolins calcinés à 1300 °C (Figure V.16) montrent les raies de la mullite, la cristobalite, de l'anatase (dans le kaolin chamotté) et du rutile. La cristobalite et le rutile sont plus intenses dans le kaolin chamotté. Une partie de l'anatase rajouté au kaolin chamotté s'est effectivement transformée en rutile.

La minéralogie des porcelaines est visible sur la figure V.17, l'analyse quantitative correspondante figure dans le tableau V.12. L'échantillon "porcelaine commune" (figue V.15) nous montre essentiellement du quartz et de la mullite. Le pic relatif au rutile n'apparait pas, non plus que celui d'anatase. Il semble être entré en solution dans la phase amorphe de la porcelaine.

L'échantillon "porcelaine chamottée" présente une minéralogie beaucoup plus riche en phase cristallines, les pics de la mullite et de la cristobalite apparaissent plus accentués. Les phases anatase et rutile apparaissent respectivement à 25,34 et 27,65°2θ ; le pic de rutile est beaucoup plus intense que celui de l'anatase. Une partie des cristaux de rutile semble ne pas rentrer en solution dans la phase vitreuse, cela est certainement dû à la quantité d'anatase ajoutée qui est assez considérable (10 %).

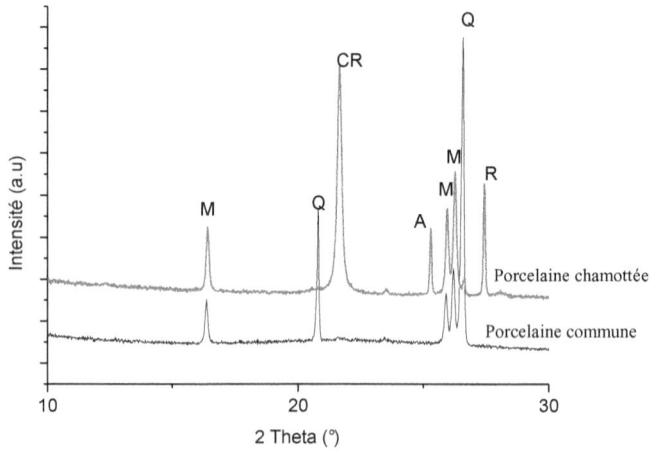

Figure V.17. Diagramme de diffraction X des porcelaines

(M : mullite, CR: cristoballite, Q : quartz, A: anatase, R: rutile)

Tableau V.13. Analyse quantitative (% pondéraux) des principales phases minéralogiques des porcelaines ; la phase vitreuse est calculée par différence à 100. n.d. : non décelé

Porcelaines	mullite	quartz	cristobalite	rutile	anatase	verre
Commune	15 ±1	25±1	n.d.	n.d.	n.d.	60±2
Chamottée	24±1	n.d.	17±1	4±0.5	3±0.5	52±2

L'ajout d'anatase se traduit par une augmentation en quantité de mullite, la disparition du quartz au profit de la cristobalite, une diminution de la phase vitreuse. Hong et Messing ont en effet remarqué que l'ajout d'anatase   en quantité supérieure à 5 % en masse produit une croissance anisotrope de la mullite qui se forme à hautes températures. Les quantités de rutile et d'anatase sont de 4 et de 3 % respectivement dans la porcelaine chamottée. L'absence des phases anatase et rutile dans les porcelaines communes est dû au fait qu'il y 'a formation de verre dans lequel ces phases sont dissoutes.

Les tailles des cristallites d'anatase et de rutile présents simultanément dans les porcelaines chamottées et les kaolins sont présentées dans le tableau V.14. Dans le produit naturel les cristallites de rutile sont plus petits que ceux d'anatase. La calcination à 1300 °C développe la taille des cristallites aussi bien du rutile que de l'anatase pour arriver à une taille commune. Dans la chamotte les tailles de rutile et d'anatase ont encore augmentées. Il en est de même dans la porcelaine.

Tableau V.14. Taille des cristallites d'anatase ($\perp$101) et de rutile ($\perp$110) dans les kaolins et les porcelaines (nm).

β(nm)	kaolin cru	kaolin calciné	kaolin chamotte	porcelaine commune	porcelaine chamottée
Anatase	163	181	242	absent	172
Rutile	130	189	229	absent	224

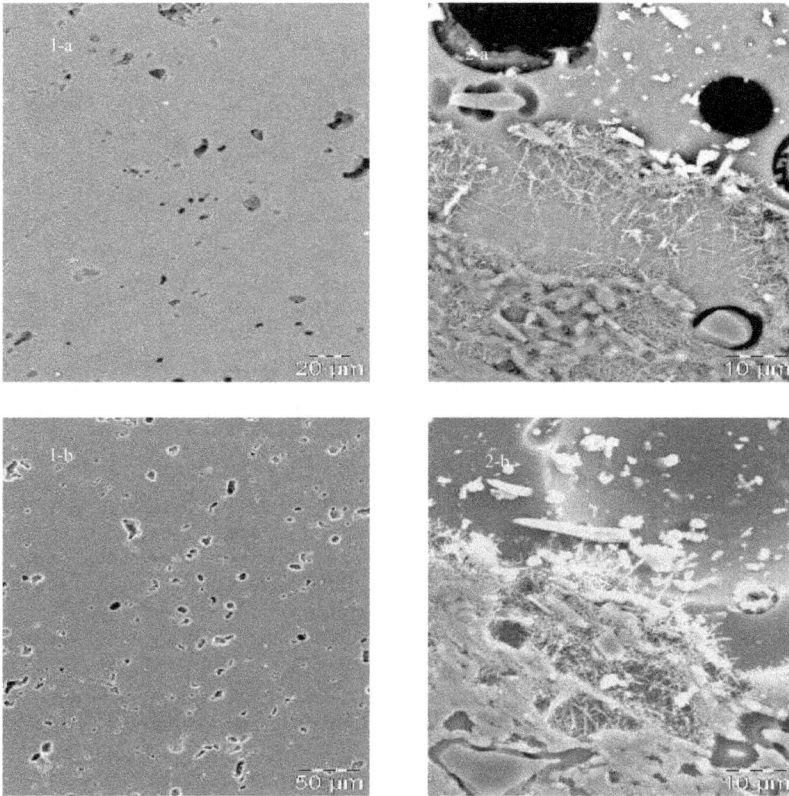

Figure V.18. Photos MEB de la porcelaine cuite à 1300 °C a) porcelaine commune
b) porcelaine chamottée ((1) surface polie, (2) surface attaquée par HF).

Les échantillons polis de la porcelaine commune (Figure V.18) montrent la présence de matrice vitreuse et l'existence de pores bien sphériques (porosité fermée). La porcelaine chamotté présente une matrice beaucoup plus homogène. On perçoit des pores allongés correspondant à une porosité ouverte. La matrice vitreuse se voit plus nettement dans la porcelaine commune que celle chamottée. Les surfaces des échantillons traités par HF nous montrent principalement la présence de baguettes de mullite secondaire ; le verre à disparu laissant la place à une porosité.

Les variations de la porosité totale des porcelaines en fonction de la température (Figure V.19) montrent que la porosité de la porcelaine chamottée est plus importante que celle de la porcelaine commune et que cette porosité diminue en fonction de l'élévation de la température pour atteindre en moyenne les valeurs de 17 % et 12 % respectivement pour la porcelaine chamottée et la porcelaine commune. L'ajout d'anatase augmente la porosité.

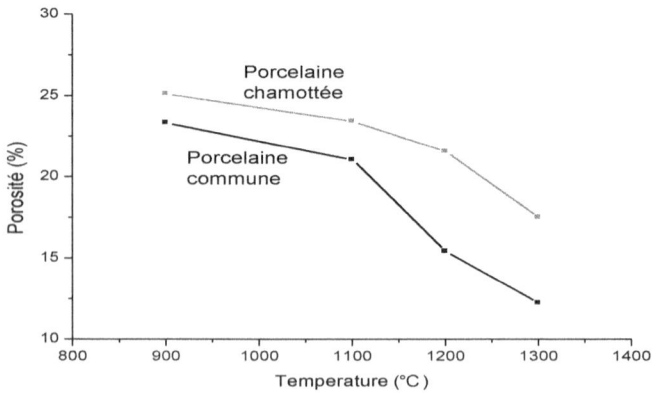

Figue V.19. Porosité des porcelaines en fonction de la température.

Entre 900 et 1300 °C la porosité diminue globalement. La porosité ouverte se ferme au profit d'une porosité fermée. A 1300 °C le processus de cuisson n'est pas encore terminé dans la mesure où la porosité ouverte n'a pas encore totalement disparu et que la porosité globale reste élevée. La viscosité de la phase vitreuse des deux porcelaines est forte du fait de la teneur importante en alumine (25 % minimum) qui ralentit le processus d'élimination de la porosité. De plus, dans la porcelaine chamottée la cristallisation de mullite et la dissolution de quartz, engendrent une augmentation de la viscosité par rapport à la porcelaine commune.

Les modules d'Young des différentes porcelaines E_{exp} sont donnés en utilisant l'échographie ultrasonore. Le module de Young corrigé de la porosité E_c est calculé selon la formule de la relation 1 et représenté dans le tableau V.15

Tableau V.15. Porosité π (%), module d'Young expérimental E_{exp} et théorique E_c (GPa) des différentes porcelaines

porcelaines	π (%)	E_{exp} (GPa)	E_c(GPa)
Porcelaine commune	12	35	47
Porcelaine chamottée	17	56	88

Le module d'Young de la porcelaine chamottée est bien plus élevé que celui de la porcelaine commune du fait qu'elle renferme moins de verre et plus de mullite dont les modules d'Young sont respectivement de 145 et 69 GPa.

Les valeurs des permittivités relatives des différents échantillons à une fréquence de 100 KHz sont bien plus élevées que celle des porcelaines ordinaire ($5 < \varepsilon_r < 6$) du fait que cette porcelaine est issue d'un kaolin naturellement riche en titane.

La plus grande valeur concerne la porcelaine chamottée ($\varepsilon_r=8.41$). La porcelaine commune présente une valeur inférieure ($\varepsilon_r=7,79$) car une partie de TiO_2 se trouve dissoute dans la phase vitreuse du kaolin, celui-ci fournit des sites de nucléation hétérogène dans le verre.

La variation de la partie réelle de la permittivité complexe $\varepsilon = \varepsilon' + j\varepsilon''$ des différentes porcelaines à de plus hautes fréquences (10^6, 10^7 et 10^9 Hz) a été faite, il en résulte que la partie réelle décroit au fur et à mesure que la fréquence augmente (Figure V.20). Dans ce domaine le déplacement des électrons se fait rapidement ce qui influence sur la permittivité des échantillons.

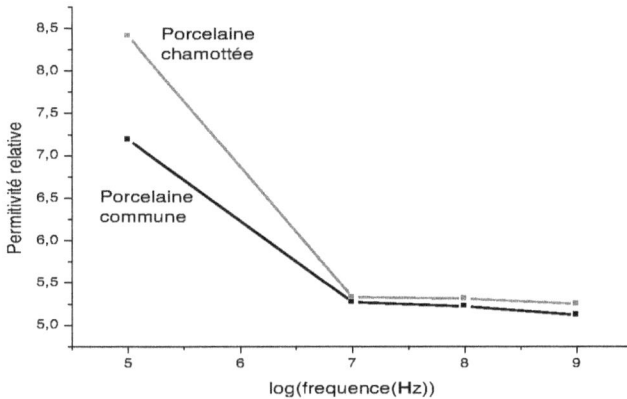

Figure V.20. Variations de la permittivité relative en fonction de la fréquence.

Les propriétés diélectriques des différentes porcelaines caractérisées par les permittivités relatives ont une relation directe avec la porosité et les taux des différentes phases cristallines et amorphes composant les porcelaines. En effet en appliquant la loi des mélanges donnée par la relation (5) :

$$\varepsilon_{th} = (X_m.\varepsilon_m + X_q.\varepsilon_q + X_C.\varepsilon_C + X_r.\varepsilon_r + X_a.\varepsilon_a + X_g.\varepsilon_g).(1-\pi) + \pi \tag{5}$$

avec : $X_m + X_q + X_c + X_a + X_r + X_g = 1$

X_m, X_q, X_c, X_a, X_r et X_g sont des pourcentages massiques de chaque phase formées (mullite, quartz, cristobalite, anatase, rutile et verre), ε_m, ε_q, ε_c, ε_a et ε_r sont des permittivités correspondant à chaque phase et π la porosité de chaque échantillon. Sachant que Les permittivités relatives de chaque constituant est de 4 pour la mullite, 5,4 pour le quartz et la cristobalite, 7 pour le verre, 48 pour l'anatase et le rutile pur. Le calcul de la permittivité relative corrigée par rapport à la porosité ε_c se fait d'après la relation (6).

$$\epsilon_{exp} = \epsilon_c * (1 - \pi) + \pi \tag{6}$$

$$\epsilon_c = \frac{\epsilon_{exp} - \pi}{1 - \pi}$$

Selon Les résultats obtenus dans le tableau V.16 nous remarquons que plus la fréquence est élevée plus les valeurs des permittivités (théorique, corrigées et expérimentales) diminuent.

Tableau V.16. Permittivités relatives expérimentales ε_{exp} , corrigées ε_c , et théoriques ε_{th} des différentes porcelaines

log F(Hz)	5			7			8			9		
	ε_{exp}	ε_c	ε_{th}	ε_{exp}	ε_c	ε_{th}	ε_{exp}	ε_c	ε_{th}	ε_{exp}	ε_c	ε_{th}
Porcelaine commune	7.19	8.03	5.53	5.27	5.82	-	5.22	5.79	-	5.12	5.68	-
Porcelaine chamottée	8.41	9.92	8.89	5.33	6.21	-	5.31	6.19	-	5.25	6.12	-

La règle des mélanges appliquée sur ces types de porcelaine multiphasées nous fait ressortir des permittivités diélectriques à 100 KHz presque égales à celles trouvées par expérience et légèrement inférieure à celles corrigées de la porosité pour la porcelaine chamottée. La valeur de permittivité relative théorique de la porcelaine commune est nettement plus petite à celle trouvée par expérience et encore plus petite par rapport à celle corrigée de la porosité pour la porcelaine commune. Ceci est dû au fait que le taux de rutile n'est pas pris en compte du moment qu'il n'a pas été détecté par DRX. La permittivité relative calculée en prenant en compte la porosité est relativement plus grande par rapport à ce qu'on attend pour ces types de porcelaine notamment pour la porcelaine commune.

TableauV.17. Pertes diélectriques (tang (δ)) en fonction des fréquences des différentes porcelaines

Log f (Hz)	5	7	8	9
Porcelaine commune	0.045	0.003	0.004	0.005
Porcelaine chamottée	0.072	0.030	0.030	0.030

Les pertes diélectriques des porcelaines en fonction de l'élévation des fréquences (10^5-10^9) (tableau V.17) sont assez importantes dans les basses comme dans les hautes fréquences. Elles tendent à diminuer au fur et à mesure que les fréquences s'approchent des micro-ondes. La forte valeur de la perte diélectrique de la porcelaine chamottée est probablement due à la formation de cristaux semi-conducteurs [22]. La concentration, la taille, la distribution et la forme des phases cristallines dans la matrice vitreuse influencent les pertes et les constantes diélectriques.

Conclusion

La présence des impuretés dans les kaolins à l'état naturel conduit à une étendue de couleur, assez large. La quantification de ces couleurs en utilisant les paramètres CIEL*a*b*des kaolins naturels nous a permis de les situer dans le cercle chromatique des couleurs. KT2 et KT3 sont situées dans le jaune-rouge ; TKMO dans le domaine du marron ; TKT dans le domaine du crème, TKG dans le gris clair ; DD3 dans le gris foncé et DD2 dans le blanc. Ces couleurs sont essentiellement dues aux éléments chromophores (éléments métalliques de transition) tel que le fer (goethite), le titane (anatase et rutile) le manganèse (todorokite). La muscovite participe à la chromaticité des kaolins dans la mesure où elle renferme du fer en substitution dans sa structure. La matière organique est noire.

La température de cuisson entre 900 et 1100 °C joue un rôle positif vis à vis de la clarté car ces kaolins s'éclaircissent dans ce domaine des températures. Le kaolin riche en matières organiques TKMO des Charentes trouve son maximum de clarté à 1200°C plus tardivement par rapport aux autres kaolins, ceci est probablement dû à la persistance de la muscovite à 1100 °C. Au-delà de 1100 °C, La clarté diminue pour KT2, KT3 et TKT, à l'exception de DD3 qui présente une courbe en V. l'apparition de la phase rutile pour les kaolins TKMO et TKT respectivement à 1200 et 1300°C fait diminuer leurs clartés et influence leurs paramètres de chromaticité b* sans que le paramètre a* ne soit vraiment influencé. L'apparition de la cristobalite dont la teneur augmente en fonction de la température dans le kaolin DD3 semble participer à l'augmentation de la clarté. Les tailles des cristallites de mullites augmentent avec la température, ces cristallites sont beaucoup plus importants dans les kaolins riches en fer (entre 1100 et 1300 °C) que ceux riche et titane et manganèse. Cette croissance des cristallites pourrait être causée par l'incorporation dans la mullite de plusieurs types de cations comme Fe^{3+}, Ti^{4+} et Mn^{4+} par substitution à Al^{3+} et Si^{4+}. De ce fait, La taille des cristallites de mullite augmentent en fonction de l'élévation de la température et la clarté diminue, ajoutons à cela le fait que la diffusion de la lumière est d'autant plus importante que les cristallites sont petits.

Les kaolins de Tamazert et TKMO ont des comportements parallèles, avec une baisse importante de clarté à 1300 °C suivie d'un pallier de 200 °C avant une nouvelle baisse. Ce phénomène est associé à une brusque diminution du paramètre a*, qu'on peut associer avec la réduction de l'hématite Fe_2O_3, rouge, en magnétite Fe_3O_4, noire. Les clartés de DD2 et TKG sont pratiquement stables mais restent dans le domaine de blancheur ($W_{10} > 40$) utilisable dans le domaine qui requière la blancheur des kaolins tels que le papier couché ou la peinture.

Les propriétés mécaniques (modules d'Young) des différents kaolins à 1100 °C paraissent faibles mais elles augmentent avec la température Le même phénomène est remarqué pour la contrainte à la rupture en flexion. Ces augmentations s'expliquent par le fait que la porosité diminue pour tous les kaolins et les densités apparentes augmentent. L'amélioration des propriétés mécaniques est en relation avec le développement de la mullite.

Les propriétés diélectriques des différents kaolins cuits à 1100 et 1300 °C paraissent intéressantes car elles se situent dans le domaine des céramiques isolantes sans adjonction de feldspaths et de sables. Les kaolins de Tamazert (KT2 et KT3) montrent une permittivité relative à 1300 °C de ε_r= 9, ceux des Charentes varient entre 5 <ε_r< 7 et ceux de Djebel Debbagh entre 3 <ε_r< 4 dans les basses fréquences. En hautes fréquences ces permittivités diminuent pour devenir de 5 pour les kaolins de Tamazert, 4 pour les kaolins des Charentes et 3 pour les kaolins de Djebel Debbagh. Cette diminution est due au fait que la mobilité des ions est réalisée en hautes fréquences.

Les pertes diélectriques des kaolins s'améliorent dès qu'on monte en température, ceci est probablement lié à la diminution de la porosité qui joue le rôle de condensateurs pouvant emmagasiner du courant électrique. Par ailleurs ces pertes sont assez importantes à 1300 °C dépassant le seuil des isolants dans le domaine des porcelaines techniques qui doit être inférieur à 10^{-3}.

L'ajout d'anatase dans la porcelaine élaborée fait augmenter non seulement la permittivité diélectrique mais aussi les propriétés mécaniques. Ce type de porcelaines présente néanmoins un retard dans la formation de la phase vitreuse qui aboutit à une porosité résiduelle importante. La porcelaine élaborée directement à partir du kaolin naturellement riche en anatase montre une valeur élevée de la permittivité relative (ε_r=7,19) par rapport aux porcelaines ordinaire (5 < ε_r< 6). Les pertes diélectriques sont nettement inférieures à celles des porcelaines chamottées.

Références bibliographiques

[1] E. Gamiz, M. Melgosa, M.Sanchez-Maranon, J.M. Martin-Garcia, R.Delgado. "Relationships between chemico-mineralogical composition and color properties in selected natural and calcined Spanish kaolins" *Applied Clay Science* . 28, 269– 282. 2005.

[2] S. Chandrasekhar, P.Raghavan. "Characterization of ancillary minerals in Kachchh kaolin during size classification" *Applied Publishers Ltd., New Delhi*, 24–31. 1999.

[3] W.M Bundy. "The diverse industrial applications of kaolin". In: Murray, H.H., Bundy, W.M., Harvey, C.C. (Eds.), Kaolin Genesis and Utilisation. Special Publication of the Clay Mineral Society, Colorado, USA,.vol. 1, pp. 43–73. 1993.

[4] Rager, H., Schneuder, H., and Bakhshandeh, A., Ti^{3+} centres in mullite. J. Eur.Miner. Soc., 5, 511-514. 1993.

[5] R.S. Hunter, "in the measurement of appearance" in John Wiley and sons, New York. 1975.

[6] CIE Colorimetry, CIE Publication, 2nd ed., vol. 15.[2]. Central Bureau of the CIE. 1986.

[7] Schneider, H., "Transition metal distribution in mullite". Ceram. Trans., 6, 135-158. 1990.

[8] S.M Johnson, J.A Pask, "on impurities of mullites from kaolinite and Al_2O_3- SiO_2 mixtures". Ceram.bul.vol 61. pp838-842.1982..

[9] N.Tessier-Doyen, "Etude expérimentale et numérique du comportement thermomécanique de matériaux réfractaire modèles", Thèse doctorat n° 66. Université de Limoges, France, , 141pp. 2003.

[10] W.Pabst, E. Gregorova, G.Ticha, "Elasticity of porous ceramics- a critical study of modulus -porosity relations", J.Eur.ceram. Soc. 26 ,1085-1097. 2006.

[11] C.T. Dervosa, Ef. Thiriosa, J. Novacovicha, P. Vassilioub, P. Skafidas, "Permittivity properties of thermally treated TiO_2", Materials Letters. 58, 1502– 1507. 2004.

[12] D. ZHANG, H. F. ZHANG, G. Z. WANG, C. M. Mo,and Y. ZHANG. "Dielectric Behavior of Nano-TiO_2 Bulks", phys. stat. sol. (a). 157, 483-491. 1996.

[13] O. Morteza , M. Omid. "Microwave versus conventional sintering: A review of fundamentals, advantages and applications" Journal of Alloys and Compounds 494, 175–189. 2010.

[14] Sabar D. Hutagalung, Nor Hidayah Sahrol, Zainal A. Ahmad, Mohd Fadzil Ain, Mohamadariff Othman. "Effect of MnO_2 additive on the dielectric and electromagnetic interference shielding properties of sintered cement-based ceramics". Ceramics International 38, 671–678. 2012.

[15] Dondi, C. Iglesias, E. Dominguez, G. Guarini and M. Raimondo. "The effect of kaolin properties on their bahaviour in ceramic processing as illustrated by a range of kaolins from the Santa Cruz and Chubut Provinces, Patagonia (Argentina)". Applied Clay Science. 40, 143–158. 2008.

[16] M.Felhi, A. Tlili , M.E. Gaied, M. Montacer. "Mineralogical study of kaolinitic clays from Sidi El Bader in the far north of Tunisia". Applied Clay Science. 39, 208–217. 2008.

[17] R.N.Maynard, N. Millman, J. Iannicelli, J. M. Huber. "A method for removing titanium dioxide impurities from kaolin".Clays and Clay Minerals. 17, 59-62. 1969.

[18] A.Fujishima, X.Zhang. "Titanium dioxide photocatalysis: present situation and future approaches", Comptes. Rendus.chimie. 9, 750-760.2006.

[19] A.Fujishima, X.Zhang, DA.Tryck. "TiO_2 photocatalysis and related surface phenomena" Surf. sci Rep. 63, 515-582.2008.

[20] C. A.Jouene. "Traité de Céramique et Matériaux Minéraux". Edition Septima., Paris, 2001

[21] S.P.Chaudhuri, P.Sarkar. "Constitution of porcelain before and after heat treatment, I: Mineralogical composition". J.Eur.Ceram.Soc.15,1031-1035.1995.

[22] Nedjima.Bouzidi, A. Bouzidi, Pierre Gaudon, D.Merabet, P. Blanchart. Porcelain containing anatase and rutile nanocrystals. Ceramics International, 39 (2013)pp489-495.

[23] Nedjima Bouzidi. "Caractérisations et valorisations des rejets quartzeux issus du traitement du kaolin de Tamazert. Jijel, Algérie" Mémoire de magister. Université de Bejaia. 2006.

Conclusion générale

L'objectif de ce travail était d'étudier l'influence des impuretés fréquentes des kaolins sur les propriétés des produits naturels (vis-à-vis de la couleur) et sur celles des produits cuits. Nous nous sommes concentrés sur les propriétés dimensionnelles, colorimétriques, mécaniques et diélectriques (ces deux dernières propriétés aux températures de 1100 et 1300 °C).

Nous avons travaillé sur 7 kaolins de différentes origines : algérienne de Tamazert (KT2, KT3) et de Djebel Debbagh (DD2 et DD3) et française du bassin des Charentes (TKMO, TKT et TKG), choisis pour les impuretés qu'ils contiennent :

- Feldspaths et quartz et oxydes de fer pour les kaolins de Tamazert
- Matières organiques et Mn pour les kaolins de Djebel Debbagh.
- Matières organiques, gibbsite et anatase pour les kaolins des Charentes.

Les caractérisations physico chimiques de ces échantillons ont montré en outre que

- les kaolins de Tamazert se caractérisent par une granulométrie relativement grossière, que le fer est présent sous forme de goethite et qu'il existe du mica (muscovite).
- Les kaolins de Djebel Debbagh sont en fait également de granulométrie grossière, du fait de la présence d'halloysite sous forme de baguettes, que le manganèse se trouve sous forme d'un oxyde la todorokite. Un des échantillons ne contient pratiquement aucune impureté.
- Les kaolins des Charentes sont des kaolins fins. La matière organique est accompagnée d'un peu de fer sous forme de goethite et de pyrite.

L'augmentation des températures de cuisson conduit naturellement à une densification. Celle-ci est continue jusqu'à 1600 °C pour l'échantillon le plus pur et celui le plus riche en alumine (gibbsite), connue pour être réfractaire. Pour les autres échantillons la densification cesse entre 1300 et 1400 °C pour faire place à un gonflement. En présence de Ti^{4+} le gonflement n'intervient qu'à 1500 °C. La présence de fer (et des feldspaths) ou de manganèse rabaisse cette température à 1400 °C. Ce gonflement est lié au développement de bulles liées aux réductions des impuretés avec libération d'oxygène

- Dans le cas du fer il s'agit de la réduction Fe^{3+} - Fe^{2+} intervenant à 1300 °C et classiquement responsable du phénomène du cœur noir dans les céramiques.
- Dans le cas du manganèse on a à 1380 °C la réduction Mn^{4+} - Mn^{2+}. Ce phénomène s'accompagne d'une amélioration de la clarté
- Dans le cas du titane on a Ti^{4+} - Ti^{2+}. Ce phénomène est neutre vis à vis des propriétés optiques.

En fait le gonflement commence à partir du moment où une phase vitreuse est susceptible de piéger les gaz dégagés. La viscosité est abaissée par Fe et Mn. Ti est un réfractaire.

A 900 °C la kaolinite comme l'halloysite ont disparu au dépend du métakaolin. Lorsqu'il est présent, le quartz persiste jusqu'à 1300 °C. La muscovite persiste jusqu'1100 °C pour les kaolins des Charentes mais disparaît au delà de 900 °C dans les kaolins de Tamazert

En ce qui concerne l'anatase, il y a transformation en rutile au-delà de 1200 °C

La mullite résultant de la cristallisation du métakaolin apparaît à 1100 °C en présence de fer et de feldspaths (kaolins de Tamazert). Dans tous les autres cas elle n'apparaît qu'à 1200 °C. La taille des cristallites de mullite augmentent avec la température de cuisson pour culminer à 200 nm. Il semble que l'incorporation des impuretés (fer, manganèse, titane) au sein de la structure de la mullite participe à ce phénomène de croissance.

Le développement de la mullite se fait au dépend du métakaolin, avec libération de silice qui cristallise sous forme de cristobalite. Celle-ci n'apparait pas ou de manière fugitive (à 1500 °C seulement) dans les kaolins de Tamazert. Elle apparait à 1200 °C pour les autres kaolins et disparaît à 1600 °C dans tous les cas.

Du verre apparaît dès 1300 °C puisqu'il y a piégeage de gaz, mais seuls les kaolins de Tamazert sont totalement amorphes par vitrification à 1600 °C

Les propriétés mécaniques des matériaux augmentent au cours du frittage. Elles sont liées à la formation de la mullite et à la densification des matériaux frittés. La présence d'impuretés Fe^{3+} et feldspaths favorisant la formation de la mullite les kaolins riches en fer de Tamazert développent les plus fortes résistances mécaniques.

L'étude de la couleur des différents kaolins naturels montre que les impuretés jouent un rôle essentiel dans la chromaticité, alors que kaolinite et halloysite, les minéraux majoritaires sont blancs,

- La présence de l'impureté Fe^{2+} (goethite) augmente les paramètres de chromaticité (b*) sans diminuer la clarté.
- Les matières organiques diminuent la clarté, sans influence sur les paramètres de chromaticité, le rutile et le manganèse également.
- la gibbsite, blanche n'influe ni sur la clarté ni sur la chromaticité.

Seul DD2 possède au naturel les qualités de blancheur requises pour l'industrie des papiers et des peintures. Jusqu'à 1100 °C, la cuisson améliore la clarté. Au delà de cette température la couleur se trouve influencée par la présence des impuretés. En effet

- la transformation du Fe^{3+} en Fe^{2+} diminue les paramètres chromatiques particulièrement le rouge qui vire au noir d'où baisse de la clarté : les couleurs ternissent.
- La transformation de l'anatase en rutile diminue également la clarté.
- la réduction Mn^{4+} - Mn^{2+} augmente la clarté
- le développement de la cristobalite augmente la clarté

Les kaolins DD2 et TKG possèdent après cuisson les qualités de blancheurs requises l'industrie des papiers et des peintures.

Une corrélation existe entre la taille des cristallites de mullite et la clarté. Les impuretés Fe^{3+} et Ti^{2+} incorporées dans la mullite en substitution octaédrique aux Al^{3+} conduisent à diminuer sa clarté, au moins jusqu'à 1400 °C. La réduction du Mn^{4+} en Mn^{2+} génère des ions dont la taille plus grande interdit leur diffusion au sein de la mullite.

Les propriétés diélectriques des différents kaolins paraissent intéressantes car elles se situent dans le domaine des céramiques isolantes sans qu'il soit nécessaire d'y ajouter feldspath et sable pour composer une porcelaine. Ces propriétés s'améliorent à 1300 °C. Les kaolins de Tamazert montrent une permittivité relative plus importante que celles des kaolins des Charentes et celles des kaolins de Djebel Debbagh et ce malgré la présence de fer en quantité importante.

La présence de feldspath dans les kaolins de Tamazert favorise la formation d'une phase vitreuse laquelle incorpore une part au moins du fer présent. De ce fait le fer est piégé dans cette phase vitreuse, ce qui permet à ces kaolins d'avoir de bonnes propriétés diélectriques. La présence de teneurs importantes en anatase/rutile dans le kaolin des Charentes lui confère de bonnes propriétés diélectriques. Les pertes diélectriques diminuent avec la température en même temps que la porosité. La porosité pourrait en effet jouer le rôle de condensateurs pouvant emmagasiner des charges électriques. A l'inverse les pertes diélectriques sont assez importantes même à 1300 °C dépassant le seuil qui définit les matériaux isolants dans le domaine des porcelaines techniques qui est de 10^{-3}.

L'ensemble des résultats obtenus peuvent être appliqués dans le domaine de la cuisson des chamottes mais aussi des céramiques traditionnelles et des céramiques techniques où une attention doit être portée au fer, ce qui était connu, mais aussi au titane pour éviter la formation de porosité secondaire à haute température.

www.ingramcontent.com/pod-product-compliance
Lightning Source LLC
Chambersburg PA
CBHW021106210326
41598CB00016B/1357